The Golden Age of the Sky

KATO Kanichiro

加藤寛一郎

空の黄金時代

音の壁への挑戦

東京大学出版会

The Golden Age of the Sky
Kanichiro KATO
University of Tokyo Press, 2013
ISBN978-4-13-063813-5

プロローグ――一九一〇年、ロングビーチの航空ショー

一九一〇年、ロサンゼルス北東郊に住むフローレンス・ローは、祖父に連れられ、ロングビーチ北の丘で行われたアメリカ初の航空ショーに行った。複葉や単葉の飛行機、飛行船、気球が集まり、グレン・カーチスが華麗な飛行を披露していた。

フローレンス・ロー、後にパンチョ・バーンズを名乗る九歳の少女の目は、空に釘付けにされた。祖父が言う。「お前が大きくなるころ、誰もが飛行機で飛ぶようになる。お前も空を飛ぶとよい」

すでに、ライト兄弟の初飛行から七年が経過していた。その前年七月、ルイ・ブレリオは自作の単葉機で、イギリス海峡を横断した。ブレリオ機は三〇〇機という大量注文を受ける。世界の飛行の中心は、アメリカから研究者層の厚いフランスに移っていた。一方アメリカでは、オートバイ・レーサーとして名をあげ、エンジン設計者として知られたグレン・カーチスが、ライト兄弟の地位を追い越しつつあった。

同じころロサンゼルスの下町では、一四歳の少年ジェームズ・〝ジミー〟・ドゥリットルが、一人

乗りグライダー製作に熱中していた。

同じころフロリダ北部では、ジャッキーとよばれる三、四歳の女の子が、生きることに苦闘していた。彼女は両親に見捨てられ、貧困に喘ぐ伐採人夫の家で養われていた。

チャールズ・"チャック"・イエーガーは、まだ生まれていない。イエーガーが西バージニアの山奥で生まれるのは、一三年後の一九二三年である。


この四人は、空の黄金時代に、華々しい活躍をした。

空の黄金時代。

今やほとんどの人に、馴染みのない言葉になった。飛行機のオールド・ファンなら、あるいは聞いたことがあるかもしれない。しかし彼らにも、正確なことはわからない。百科事典の索引に現れる黄金時代は、映画、演劇、音楽くらいである。

しかし、いくつかキーワードが残されている。まず、その最初の舞台は、「エア・レース」が中心だった。エア・レースはアメリカでは、一九二〇年代半ばから盛んになる。その中でも「ジミー・ドゥリットル」の活躍は、群を抜いていた。

ドゥリットルは、名のあるエア・レースのほとんどで優勝した。駆け出しは陸軍士官だが、マサチューセッツ工科大学の修士、博士の学位を持ち、世界初の完全計器着陸を行い、アメリカ航空学会会長を務め、第二次世界大戦ではイギリスから「無敵の第八空軍《マイティー・エイトウス》」を率いて、連合国軍を勝利に導いた。

空の黄金時代の掉尾《とうび》を飾るのは、一九四七年の「音速突破」と、それに続く「超音速機開発競争」であろう。そこで最も名を馳せたのは、最初に音速を超えた「チャック・イエーガー」だった。イエーガーは大戦時一度の空中戦で、メッサーシュミットを五機連続撃墜した凄腕のパイロットだった。

空の黄金時代の終わりを告げるのは、「パンチョの店の火災」であろう。一九五三年一一月一四日、エドワーズ基地の滑走路端近く、飛行経路の直下にあったパンチョの店は、不可解な火災で焼失した。店は基地のパイロットたちにとって、ふんだんの酒にありつけ、美しい女たちに会える憩いの場所、砂漠のオアシスだった。戦後の全盛時、店は会員制のクラブで、第一号会員はジミー・ドゥリットル中将だった。

店の所有者は、かつての名をフローレンス・ローといった。遺産相続で二二歳で巨富を得、変身して「パンチョ・バーンズ」を名乗り、一九三〇年前後エア・レースで鳴らした。パンチョは粗野だが、魅力的な女性で、基地のパイロットをもてなした。特にイエーガーをかわいがり、自らを米国空軍の母のように考えていた。

エドワーズ基地から遠くない砂漠にもう一人、美しくて野心の塊のような女性がいた。彼女も、砂漠に別のオアシスを構えた。かつて貧困に喘いだ「ジャッキー」は、億万長者の妻となり、パンチョより少し遅れて、エア・レースに登場した。ドゥリットル引退後の大陸横断レースで優勝もした。

ジャッキーは大戦時、陸軍空軍参謀総長ヘンリー・〝ハップ〟・アーノルド将軍の庇護の下で、力を伸ばした。ちなみに将軍の一の子分がドゥリットルである。ジャッキーの砂漠の大邸宅は、イェーガーやエドワーズ基地の要人パイロット、政財界の大物、軍の上層部の人間の社交場だった。ジャッキーは四〇歳代後半に、自らジェット戦闘機を操縦して、僅かだが音速を超えた。教官はイェーガーで、彼女の飛行に最後のゴーサインを出したのは、ドゥリットルだった。その半年後、パンチョの店が焼失する。

イェーガーは類まれな操縦術で、音速突破を果たした。それはライト兄弟の飛行に優るとも劣らぬ偉業だった。またその後の超音速機開発競争——空軍対海軍の闘い——でも、空軍の勝利に貢献した。そのイェーガーを、パンチョとジャッキーは自分の影響下に置こうと競い合い、イェーガーと一家を厚遇した。そのイェーガーには、女優ビビアン・リー似の美しい妻「グレニス」がいた。

この四人のかかわりが明らかになったのは、新しい情報の出現による。イェーガー、ジャッキー、ドゥリットルの自伝が一九八六年、一九八七年、一九九一年にそれぞれ、またパンチョの伝記が二〇〇〇年に、出版された。

そういう人たちの破天荒な話を一冊の本に纏めたい。これが、本書執筆の第一の動機である。前半はパンチョ、ジャッキー、ドゥリットルら三人の生い立ちを、後半はイェーガーの超音速飛行、それに加えてイェーガーと彼ら三人のかかわりを、それぞれ年代記風に示す。それは結果的に米国航空史の一端を示すものとなり、女性を加えた空の黄金時代のハイライトを示すものとなっている。

本書執筆には、実はもう一つ動機がある。私は、従来不明とされたパンチョの店の出火原因について、またイエーガーが音速突破直後に遭遇した電源ダウン事故について、自身の考えを書きたいと思った。そのためには、ドゥリットル、イエーガー、パンチョ、ジャッキーら四人の人生を、踏み込んだ形で辿ることが必要であった。それが結果的に、四人の破天荒な話の集大成になっている。そして私が書きたかった二点、パンチョの店の出火原因とイエーガーの電源事故の原因については、私の推測はエピローグの最後に示される。

宇田川直彦氏（防衛省技術研究本部航空装備研究所）からは航空機に関し貴重なご教示を賜った。厚くお礼申し上げる。

本書は、東京大学出版会の岸純青氏が愚案に興味を持ってくださり、日の目を見た。出版の機会を賜った東京大学出版会、編集作業でお世話になった岸氏に、厚くお礼申し上げる。

二〇一三年一〇月

加藤寛一郎

目次

プロローグ――一九一〇年、ロングビーチの航空ショー　i

第1章　パンチョとジャッキー　1

一九〇一年、フローレンス・ローは裕福な上流階級の家に生まれた
一九〇六年ころ、ジャッキーは両親に見捨てられ、フロリダで苦闘していた
一九一八年、陸軍少尉ドゥリットルはサン・ディエゴで飛び始めた
一九一九年、ドゥリットルはメキシコ国境沿いの辺境の地に精通し、その後ミッチェル准将の対艦爆撃実験にも参加した
一九二一年ころ、ジャッキーはT型フォードを買えるまでになった
一九二二年、ドゥリットルは二四時間以内アメリカ大陸横断に成功した
一九二三年、フローレンス・ローは二二歳で、膨大な遺産を手にした
一九二五年、ドゥリットルは博士号を取得し、シュナイダー・カップ・レースで優勝した
一九二六年、ドゥリットルはチリの公開演技で、両足首骨折の身で妙技を披露した
一九二七年、フローレンスは長旅を経て、パンチョ・バーンズに変身した

一九二八年、ジャッキーは貧困を脱し、ニューヨークへ向かった

第2章　伝説のエア・レーサー　47

一九二八年、女流飛行家アメリア・エアハートが絶賛を浴びた
一九二八年、パンチョは操縦免許を得て、毎日を飛行場で過ごすようになった
一九二八年、パンチョ邸は乱痴気パーティの会場と化した
一九二九年、世界初の女性だけの大陸横断レースが行われた
一九二九年、ドゥリットルは世界初の完全計器着陸を成功させた
一九三〇年、ドゥリットルは陸軍を退役し、シェル石油の航空部門に就職した
一九三〇年、パンチョは世界最速の女性になり、多数の航空映画に出演した
一九三一年、ドゥリットルはベンディックス・レースで優勝した
一九三二年、ドゥリットルはトンプソン・トロフィー・レースに優勝し、レースから引退を宣言した

第3章　女流飛行士　85

一九三二年、ジャッキーは億万長者オドラムに出会った
一九三二年、ジャッキーは操縦免許を得て、最初の単独飛行でカナダまで飛んだ
一九三三年、ジャッキーはオドラムと南カリフォルニアにランチを構えた
一九三四年、ジャッキーはロンドン・オーストラリア・レースに挑戦した

一九三四年、シェル石油はドゥリットルの提案を入れ、一〇〇オクタン・ガソリンの製造を開始した
一九三五年、ジャッキーは化粧品会社を設立し、女経営者としても著名になった
一九三五年、ジャッキーはアメリア・エアハートと出会い、親密になった
一九三五年、ドゥリットルは一二時間以内無着陸アメリカ大陸横断に成功した
一九三五年、パンチョは破産寸前になり、モハーベ砂漠の緑の農場に夢を賭けた
一九三六年、パンチョがミューロックに購入した砂漠の農場は、滑走路を持ち、経営も何とか軌道に乗った
一九三七年、アメリア・エアハートは洋上で行方を絶った
一九三八年、ジャッキーはベンディックス・レースで優勝した
一九三九年、土地を買い漁ったパンチョは、祖母の遺産に助けられた

第4章　戦争の嵐　131

一九三九年、第二次世界大戦が勃発し、ドゥリットルは軍務に復帰した
一九四〇年、パンチョは農場の滑走路を改修し、政府のパイロット増員計画に協力した
一九四一年、ジャッキーはイギリスへ爆撃機を運ぶ最初の女性パイロットになった
一九四一年、ジャッキーは二五名の女性パイロットを率いて渡英し、イギリスの軍用機空輸に協力した
一九四一年、日本の真珠湾攻撃で太平洋戦争が勃発し、ドゥリットル中佐はワシントンに着任した
一九四二年、チャック・イエーガーは陸軍空軍准尉として、戦闘機で飛び始めた

一九四二年、ドゥリットル中佐率いる一六機の双発爆撃機が航空母艦ホーネットを発進し、決死の日本爆撃を敢行した
一九四二年、日本海軍の坂井三郎兵曹は、後のアメリカ大統領ジョンソン少佐搭乗機を攻撃した
一九四二年、ミューロックは陸軍空軍の訓練中枢と化し、パンチョの農場はクラブハウスを持つ接待場となった
一九四二年、ジャッキーは帰国し、女性空軍パイロット訓練の指揮を委ねられた
一九四二年、ドゥリットル准将は北アフリカ上陸作戦の空軍の指揮を委ねられた
一九四二年、ヨーロッパ戦線でアメリカ爆撃機は、一五回の出撃で半数が失われた
一九四三年、イエーガーは生涯の伴侶グレニスと出会った
一九四四年、ドゥリットル中将はヨーロッパ戦域を統括する第八空軍司令官に昇進した
一九四四年、イエーガーは八回目の出撃で、フランス西南部で撃墜された
一九四四年、ニューヨーク・タイムズは、一〇〇オクタン・ガソリンに関するドゥリットルの先見の明を称讃した
一九四四年、ドゥリットル司令官はノルマンディー上陸作戦を、単機上空から見守った
一九四四年、イエーガー少尉は稀な空戦機会を生かし、際立つ操縦能力を示した
一九四四年、パンチョは超ハンサムな売れっ子ダンサーと結婚した

第5章　音の壁　173

一九四四年、ジェット戦闘機が飛び始めた

一九四五年、イエーガーはグレニスと結婚し、新世代航空機の試験中枢であるライト飛行場に着任した

一九四五年、イエーガーはミューロックに短期派遣され、パンチョに出会った

一九四五年、ジャッキーは通信員として国外を回り、アーノルド将軍の特別顧問として存在を示した

一九四五年、帰国したドゥリットルは爆撃行を共にした隊員を労い、翌年シェル石油の副社長に就任した

一九四五年、ミューロックはジェット機のテスト・センターになり、パンチョの来客用施設は滑走路二本、地域最高のモーテル、プール、ダンスホール、バーなどを持つ飛行宿《フライ・イン》に変貌した

一九四五年、音の壁突破を狙う陸軍空軍用実験機、ベル社のXS-1がロールアウトした

一九四六年、ダグラス社の海軍用実験機、スカイストリークの製造が始まった

一九四六年、パンチョは次なる夫マックと出会い、大病を患うも回復した

一九四六年、ジャッキーはビジネスに励み、ドゥリットルと親交を保ち、ベンディックス・レースにも出場した

一九四六年六月、高校卒の学歴が負い目のイエーガーが、才能を見抜いた上司ボイドの勧めで、テスト・パイロット課程を修了した

一九四六年八月、XS-1の動力飛行試験場にミューロック陸軍飛行場が選ばれ、パイロットにベル社のスリック・グッドリンが選ばれた

一九四六年九月、音速突破一番乗りを目指すイギリス・デハビランド社のスワローが墜落し、音の壁の存在は確実視された

一九四六年一二月、ミューロックの動力飛行で、XS-1はマッハ〇・八を達成した
一九四七年三月、戦闘機による飛行試験機結果は音の壁の存在を明確に予言した
一九四七年五月、XS-1の飛行試験はベル社から陸軍空軍の手に移り、スリック・グッドリンは辞表を叩き付けた
一九四七年六月、イェーガーはXS-1の主《プライム》パイロットに選ばれた
一九四七年七月、陸軍空軍の飛行試験チームはミューロックに移動し、イェーガーはパンチョと再会した
一九四七年八月、ミューロックに移り住んだグレニスは、荒涼たる砂漠に驚くも、そこでの生活やパンチョの面倒見に同化した
一九四七年八月二八日、海軍のスカイストリークがマッハ〇・八六を記録した
一九四七年八月二九日、イェーガーは最初の動力飛行で、手順を無視してマッハ〇・八五に到達した

第6章　音速突破　239
一九四七年九月一二日、イェーガーは五回目の動力飛行でマッハ〇・九二に到達した
一九四七年九月一七日、陸軍空軍は独立して合衆国空軍になり、折しもジャッキーは、空軍省長官を魅了した
一九四七年一〇月八日、イェーガーは七回目の動力飛行でマッハ〇・九四五に到達、しかしマッハ〇・八八で昇降舵が利かなかった
一九四七年一〇月一〇日、イェーガーは八回目の動力飛行でマッハ〇・九九七に到達、しかしマッハ

第1章　パンチョとジャッキー

一九〇一年、フローレンス・ローは裕福な上流階級の家に生まれた

フローレンス・ロー、後にパンチョ・バーンズを名乗る女性は、一九〇一年七月二二日、ロサンゼルスのサン・マリノで生まれた。フローレンスが二歳の時、一家は同じサン・マリノの新しい家に移った。

家は母方の祖母キャロライン・ダビンズが、娘夫婦のために建てたものだった。キャロラインの夫は、病死していた。ダビンズ家は大富豪で、ロサンゼルス市北東郊の都市パサデナに住んでいた。そしてダビンズ家の所有する土地が、パサデナに近接するサン・マリノにあった。

新しい家は、三階建て三五部屋の大邸宅だった。広々とした庭、睡蓮《すいれん》の浮かぶ池、テニスコート、一・二キロに及ぶ円形の馬場を備えていた。

フローレンスの父サディアス・ロー・ジュニアは、サラブレッドや競走馬を育て、チーズ製造用

の牛を飼い、狩猟に勤しむといった生活をしていた。それは裕福な彼女の母フローレンス・メイと、メイの実家ダビンズ家の財力に支えられたものだった。両親はともに、パサデナ社交界の中心的存在だった。

フローレンスは富裕な上流階級の一員として、子供時代を送った。家族は朝食を朝食室で、昼食を昼食室で、夕食は正式の食堂で、召使いに傅《かしず》かれて摂った。部屋の片付けも、浴室に湯を張るのも髪を梳くのも、女中がしてくれた。

父に溺愛され、欲しいものはなんでも与えられた。三歳でポニー、五歳でサラブレッド。父に乗馬を教えられ、馬術の教師が雇われ、両親とダビンズ家の土地を駆け巡った。

フローレンスは、夫婦の二人目の子供だった。最初の子供は男子だった。上流階級の容貌を持って生まれたが、ひ弱だった。母と母方の祖母に守られ、ピアノやバイオリンのレッスンを受け、個人教師による教育を受けた。

五年遅れで生まれたフローレンスは、逞しくエネルギッシュで、戸外の運動が好きな娘だった。母と父方の祖母から、容貌と体形を受け継いだ。顔は丸顔で、肩幅が広く、首は太く短かかった。

性格は出しゃばりで、動作は芝居がかっていた。これは父方ロー家から受け継いだものだった。母メイにとってフローレンスは、言うことを聞かない娘だった。女の子より男の子に近かった。

この娘を誰よりも愛し、しかも男の子のように扱った人間がいた。それは父方の祖父サディアス・ローだった。ちなみに彼は十人の子持ちで、フローレンスの父サディアス・ジュニアは七番目の息子だった。

祖父サディアス・ローは傑出した人物だった。南北戦争（一八六一―六五年）後に発明で巨利を得、一八八六年、五四歳のとき、東部から移って、パサデナに居を定めた。その後、パサデナ北東に聳えるサン・ガブリエル山地を縫って走る観光鉄道を開発し、大成功を収めた。

しかし、事業を奥地にまで拡張しようとして、失敗した。一八九九年には、サディアスは資産のほとんどを失った。二年後、サディアス六九歳のとき、フローレンス・ローが生まれた。彼女は、サディアス・ローの老いと失望を救う解決策となった。

日曜ごとに老サディアスは、フローレンスを戸外の冒険に連れ出した。サン・ガブリエル山地を歩く。西部のサーカス《ワイルド・ウェスト・ショー》に行く。アリゲーターを飼う農場、博覧会、遊園地を訪れる。ロングビーチの航空ショーを訪れたのも、その一つだった。

一九〇六年ころ、ジャッキーは両親に見捨てられ、フロリダで苦闘していた

フロリダでは、ジャッキーが、苦闘していた。後の美女も、まだ、かわいく綺麗な子というわけではなかった。

ジャッキーは、実の両親に見捨てられた。フロリダ州の北部で生まれたが、物心ついたとき、養父母と子供三人（兄二人妹一人）の里親一家で暮らしていた。

粉袋で作った、ぼろを着せられた。靴は持っておらず、素足で歩いた。わらのベッドや床に寝た。

ひもじいときは、松の実を食べた。人々はザリガニを食べたが、これだけは食べられなかった。

養父と男の子二人は、製材工場で働いていた。というより一家は、仕事を求めてフロリダ北部の山地で、製材工場を渡り歩いていた。住まいは、電気も水道もない掘っ立て小屋だった。

養母によれば、ジャッキーはフロリダのマココーギ近くで生まれ、生月は五月らしかった。詳細を知るかもしれない牧師は、すでに精神科病院で死亡していた。生日は、何ということなく一一日になった。

後に（一九二九年ころ）、ジャッキーはヨーロッパに行くため、パスポートを取得した。このとき出生証明書が必要になった。そのころジャッキーは、年齢を一九歳ぐらいと考えていた。しかし宣誓供述書では、四歳さばを読んで二三歳とした。公式文書でジャッキーの生年は、一九〇五年から一九〇八年の間にある。後の仇敵パンチョ・バーンズ——当時のフローレンス・ロー——より、四歳から七歳若い。

一九三六年、ジャッキーがフロイド・オドラムと結婚するとき、彼女は私立探偵をフロリダに送って、出生を調査させた。封印された報告書を、彼女はそのままフロイドに届けた。その表に、蚯蚓《みみず》のぬたくったような字で書いた。「中は読んでいません。燃すも読むも、お好きなように」。フロイドは開封せず、ジャッキーに返した。

一九七六年にフロイドが死んだ後、この報告書はフロイド財産の遺言執行者の一人だったチャック・イエーガーによって、発見された。イエーガーはジャッキーの了承を得て、開封せずにこれを焼却した。

フロリダの製材業に、不景気が訪れた。ジャッキーが八歳のころ、一家はジョージア州の都市コロンバスに移り住んだ。（以下ではジャッキーの生年を、一九〇六年ころと考えている。）

全員が綿織物工場で働いた。ジャッキーは誰よりも働いた。時間当たり六セントの報酬で、夜間一二時間働いた。報酬の金が、希望の証だった。

ジャッキーは幸せだった。背丈より高いカートを押して、巻き枠《スプール》を織工に配った。最初の一週間で四・五ドル稼いだ。養母はそれを、自分の報酬だと言った。翌週から三ドル渡し、残りを自分の貯えにした。

この金で、行商人から靴を買った。生まれて初めての靴で、もちろんハイヒールを買った。大人として認められたかった。しかし、カートを押す夜の仕事には不向きだった。裸足の方が良いくらいだった。翌週、ローシューズを買い足した。

二ヵ月で、縦糸の交換や調整ができるようになった。縦糸は織機の後方で巨大な巻物になっていて、横糸を通す前に縦糸の調整が必要だった。職工の報酬は出来高払いだったので、ジャッキーは引っ張りだこだった。

その後ジャッキーは抜擢された。一〇歳になっていなかったが、検査室の責任者になった。欠陥品を取り除き、織物を巻物にして発送の準備をした。部下は一五人ほどの子供で、年上の子供もいた。

彼らはよく尋ねた。「大きくなったら、何になるの」。ジャッキーは迷うことなく答えた。「金持ちになるの。きれいな服を着て、自分の車を持って、世界のあちこちで危険な冒険するの」
日曜日、ジャッキーはコロンバスの大通りを歩き回った。ウィンドーショッピングはしたが、買い物はしなかった。その後で、行商人からいろいろ買った。薄地の絹《ジョーゼット》のブラウス、気分転換用の色つきコルセット、黒のウールのスカート、そして大通りを歩き回るためのハイヒールを。その姿は、仮装した道化師に近かった。

この仕事は長続きしなかった。夜通し働かされるだけでなく、職場の環境や衛生状態が最悪だった。

一九一八年、陸軍少尉ドゥリットルはサン・ディエゴで飛び始めた

一九一七年の四月、第一次世界大戦が拡大し、アメリカはドイツに宣戦布告した。ジミー・ドゥリットルは、戦争に参加することにした。歩兵隊は、ありふれていた。海軍は、戦いの中心のようには見えなかった。空は、面白そうだった。

アメリカにはまだ、航空隊《エア・コー》も空軍《エア・フォース》もない。あるのは貧弱な航空部《エア・サービス》が、陸軍の通信隊《シグナル・コー》にあるだけだった。ドゥリットルは、通信予備軍の飛行士官候補生《フライング・ガデット》に応募した。

ドゥリットルは一八九六年生まれで、フローレンス・ローより五歳年上である。小柄で、身長は五フィート・四インチ（一六二・五センチ）から伸びなかった。しかし人にはいつも、「ファイブ・シックス」（五フィート・六インチ、一六七・六センチ）と言った。

ただしボクシングは、玄人はだしだった。高校生のとき、ロサンゼルス・アスレティック・クラブで行われたパシフィック・コースト・アマチュア・チャンピオンシップのフライ級に出場し、優勝した。その後バンタム級に移り、プロと闘ってほとんど互角だった。

当時ロサンゼルスの繁華街《ダウンタウン》では、週に一度、アマチュアのボクシング試合が行われた。勝者には時計が与えられ、興行主はそれを、一〇ドルで買い戻した。ドゥリットルは、仮名で出場し、小遣いを稼いでいた。ちなみに父は、アラスカ・ノームで金の幻影を追っていた。

母は、ボクシングをやめることを条件に、オートバイを買い与えた。一九一二年、ドゥリットル一五歳のときのことである。ドゥリットルは歓喜し、ロサンゼルス郊外を疾走し始めた。ドゥリットルはロングビーチへも、あるいはサン・ディエゴまでも、そしてロサンゼルス北の谷間の小さい町へも、オートバイで通うようになった。そこでも毎週土曜日に、ボクシング試合が行われていた。一八歳のころ、一試合で三〇ドルを稼ぐことができた。

一九一五年秋、一九歳のドゥリットルは、ロサンゼルス短期大学《ジュニア・カレッジ》に入学した。二年後、カリフォルニア大学（UC）バークリー校の鉱山学科に入学する。鉱山学科では学業だけでなく、体操にも励んだ。平行棒と鉄棒に優れ、タンブリングでも妙技を見せた。

その傍ら、ボクシングにも手を出した。対抗戦で、一五キロのハンディをしょってUCの代表選手におさまり、スタンフォード大学のミドル級代表選手を八三秒で倒した。

一九一七年、飛行士官候補生になったドゥリットルは、月に五〇ドルを支給される身になった。

カーチス JN－4 ジェニー（文献 13）

バークリーの地上航空訓練学校で飛行の理論、気象、地図の読み方、航法、エンジン、構造などを学ぶ。八週間後に卒業した。

クリスマス休暇に、ドゥリットルは結婚した。相手は高校時代に見初めたジョセフィン・ダニエルズ、通称ジョーだった。ジョーの母親は結婚に反対したが、二人とも二一歳を越えていて、親の承諾を必要としなかった。二人はロサンゼルスの市役所《シティ・ホール》で、裁判所の書記のもとで結婚した。ジョーは、ドゥリットルの生涯の伴侶となる。

一九一八年、サン・ディエゴ近くのロックウェル飛行場に送られる。ドゥリットルは、ここで操縦訓練を受ける。教官は民間出身のチャールズ・トッドだった。初日、二人は練習機、カーチスＪＮ－４、通称ジェニーに乗り込む。

ジェニーは複葉複座の練習機で、一種の戦時急造型の航空機である。原型機の初飛行（一九一六年）から一、二年の間に、数千機が生産された。第一次世界大戦期のアメリカを代表する航空機である。

トッドとドゥリットルが地上走行を始めたとき、二機のジェニーが飛来した。二機は飛行場の上空で衝突し、一機はドゥリットルたちの乗機の前、数メートルのところに墜落した。

トッドはエンジンを停止させた。二人は近いほうのジェニーに走り寄る。機内では、単独飛行に入った訓練生が死亡していた。もう一機に走り寄ると、教官と訓練生がひどい傷を負っていた。二人は彼らを残骸から運び出し、救急車を待つ。

残骸が片付けられると、トッドは言った。「仕事にかかろうか」。二人は再びジェニーに乗り込み、離陸した。単独飛行を許されるまでの飛行時間は、七時間四〇分だった。

次の数週間で、ドゥリットルは長距離飛行《クロスカントリー》、曲芸飛行《エアロバティックス》、編隊飛行などを学ぶ。当時のクロスカントリーは、数百キロ程度の区間の飛行だった。

一九一八年三月、ドゥリットルはロックウェル飛行場での飛行訓練を修了する。陸軍の予備航空機操縦士として、少尉に任命された。誰もがみな、海外へ出て戦うことを希望した。しかしほとんどのものは、テキサス州のキャンプ・ディックに送られた。

そこで無為な日々を過ごした後、ドゥリットルたちはさらに何ヵ所も施設をたらい回しにされ、最後に再び、サン・ディエゴのロックウェル飛行場に戻された。当時のアメリカは航空機だけでなく、海外に兵を送る船も不足していた。

ロックウェル飛行場に戻ったドゥリットルは、進んだ訓練に入れると期待した。しかし予想は外れ、戦闘と射撃の教官を務めさせられる。

そんなある日、ドゥリットルは友人と複座機で離陸した。二人で飛ぶときドゥリットルは、時々翼面上を歩く芸当を楽しむ。それは当時、各所のエア・ショーで馴染みのものだった。

この日ドゥリットルは、友人の一人と五ドルの賭けをしていた。賭けの内容は「主車輪を繋ぐ車軸に座って着陸してみせる」というものだった。

この日、著名な映画監督セシル・B・デミルが、飛行場で撮影をしていた。デミルは当時三七歳、古い世代の人間にとって、「平原児」、「大平原」、「征服されざる人々」の映画監督である。

デミルは基地司令官ハーベイ・バーウェル中佐の友人だった。二人がラッシュ（編集用プリント）を見ていると、車軸に座って着陸する男が現れた。中佐は立ち上がりざま副官を呼び、叫ぶ。「ドゥリットルは飛行停止、一ヵ月間！」

副官が恐る恐る尋ねる。「あれがドゥリットルであることは、間違いございませんね、サー？」。バーウェルが答える。「ドゥリットル以外に、あんな馬鹿なことをする者はいない！」

ドゥリットルは、飛行停止処分になった。さらにバーウェルは、ドゥリットルに一ヵ月間の外出禁止と日直将校を命じた。

これは制服に身を包んで、一日中勤務することを意味する。これから一ヵ月間、時間が空いても、整備士たちと機体作業に加われない。運動競技にも、参加できない。

しかしドゥリットルには、まだ楽しみが残されていた。日直将校はサイドカー（側車）付きオートバイを乗り回すことができる。

ある日、ドゥリットルはこのオートバイで、「飛行場の境界を調査するため」、周囲の道路を疾走していた。そこへ、複葉単座の戦闘機トーマス・モースS－4Cスカウトが着陸してきた。

ドゥリットルは、オートバイをS－4Cの経路に乗り入れた。こうすれば、S－4Cは着陸をやり直すと思った。事実そうなった。S－4Cは一周して戻ってきた。

ドゥリットルは、またもS－4Cの前に走り出た。今度はパイロットが怒った。S－4Cは、飛行場の端へ強引に着陸した。

降りてきたのは、バーウェル中佐だった。ドゥリットルは、さらに一ヵ月の外出禁止を命ぜられた。「記録を見ると、教官であった五ヵ月の間、私は三ヵ月間の外出禁止と、一ヵ月半の飛行停止を受けている」

ほどなくロックウェル飛行場の司令官が、陸軍大佐ヘンリー・〝ハップ〟・アーノルドに交代する。アーノルドはアメリカ陸軍最初の二人のパイロットの一人で、後の第二次世界大戦時、陸軍空軍《アーミー・エア・フォーシイズ》参謀総長である。同時にドゥリットルと、後に登場するジャッキー・コクランの庇護者となる。

ロックウェルには、さらにアイラ・イーカー中尉、カール・〝トゥーイー〟・スパーツ中尉が赴任してくる。アーノルド、イーカー、スパーツ、ドゥリットルは、後にヨーロッパの空の戦線を動かすことになる。

ドゥリットルが初めてオートバイに乗るのは一九一二年、バーウェル中佐を困らせるのは一九一八年。このころオートバイは、ほぼ現代と同じものになっていた。

一方自動車は、一八八六年に発明された。このときドイツで、ベンツとダイムラーが独自に、それぞれ三輪と四輪の自動車を製作した。一八九四年には、物好きが自動車レースを始めた。一九〇〇年のパリ─トゥルーズ往復レースには、一七九台の車が参加した。優勝者の平均時速は一九キロだった。

一九〇〇年代初頭には、大金持ちが馬車の代わりに、自動車を使い始めた。車体は馬車製造業者、内装業者、塗装業者が分業で仕上げた。このころ自動車は、注文仕様の超豪華品だった。

一九〇八年、ヘンリー・フォードはT型フォードの販売を始めた。フォードは、農家の交通手段としての、安価で悪路に強い実用車の開発を目指した。一九一四年にはコンベア・システムを導入し、流れ作業による大量生産方式で、大幅な値下げを実現した。当初八五〇ドルで販売されたT型フォードは、一九一五年には四九〇ドル、一九二五年には二九〇ドルまで売値を下げた。

ドゥリットルが本格的に飛び始めるころ、世は自動車の時代へと動き始めていた。自動車はまだ超豪華品で、讃美のまなざしを浴びる乗物だった。

一方カーチスJN－4やトーマス・モースS－4Cの価格は、一万ドルほどだった。それで空を駆けることは、自動車とは桁の違う優越感を与えたに違いない。

一九一九年、ドゥリットルはメキシコ国境沿いの辺境の地に精通し、その後ミッチェル准将の対艦爆撃実験にも参加した

一九一九年六月、ドゥリットルはテキサス州のケリー飛行場に配置換えになった。ケリー飛行場はサンアントニオの西南の端に位置し、メキシコとの国境に近い。主な任務は国境の哨戒だった。

国境の東端は、メキシコ湾に面するブラウンズビルである。国境はここから西へ、リオグランデ

川に沿ってエルパソに伸び、西端はサン・ディエゴ近くに至る。

一九一九年一〇月、ドゥリットルは国境の町、イーグル・パスに配置換えになった。イーグル・パスは、ブラウンズビルとエルパソの中央やや東寄りに位置する。ドゥリットルの哨戒範囲は、リオグランデ川に沿って広がった。

哨戒に使用する機体は、カーチスＪＮ－４ジェニーとデハビランドＤＨ４だった。ＤＨ４はイギリス機エアコＤＨ４を、アメリカがライセンス生産した複座の複葉機である。第一次世界大戦に登場した航空機の中で、最大級の成功を収めた機体である。

デハビランド DH4（文献 13）

辺境の地に精通したことは、後に大きな成果をもたらす。後のドゥリットルの記念碑的飛行の一つ、アメリカ大陸横断では、給油地点はケリー飛行場である。そして経路は、リオグランデ川沿いにエルパソに向かうものだった。

一九二一年五月から一時期、ドゥリットルはバージニア州のラングリー飛行場に配属された。ラングリー飛行場はバージニア州の東南の端、ハンプトンにある。東南に向かって下がった半島の南端で、チェサピーク湾の出口に位置する。その外は大西洋である。

ドゥリットルはそこで、新たに設立された飛行旅団に加わった。

この旅団は、陸軍准将ウィリアム・〝ビリー〟・ミッチェルが主唱する対艦爆撃の実験を行うためのものだった。

ミッチェルは、「アメリカ軍事航空の父」とよばれる。ハップ・アーノルドより七歳年上である。カーチスの飛行学校で操縦を学び、第一次世界大戦ではヨーロッパ・アメリカ遠征航空隊の司令官を務めた。

ミッチェルは、論争好きの論客として知られた。また、陸軍通信隊の航空部を指揮するのは、パイロットであるべきと考えていた。それは航空部が、陸軍と海軍から独立することを意味した。これは軍の上層部が、絶対に受け入れることのできない主張だった。

そのミッチェルは、戦艦は時代錯誤だと考えていた。彼は議会の委員会で、「航空母艦二〇隻の艦隊は、戦艦二〇隻の艦隊を壊滅できる」と主張した。旧弊な提督や海軍の将官たちは、ミッチェルを嫌っていた。

当時アメリカ海軍は、ベルサイユ平和条約で手に入れたドイツ軍艦を何隻も所有していた。ミッチェルは持論を証明するため、ドイツ軍艦の使用を主張した。

海軍は、これに強硬に反対した。しかし海軍省長官補佐官で世に出る前のフランクリン・ルーズベルトが、ミッチェルの考えを支持した。実験は二段階で行われた。

一九二一年七月一三日、第一段階として、軽巡洋艦フランクフルトに対する小型爆弾の投下実験が行われた。ミッチェル麾下《きか》の隊員は、猛訓練を重ねて実験に臨んだ。フランクフルトは三五分で沈んだ。ドゥリットルはDH4でこれに参加した。

第二段階の実験は、七月二一日に行われた。こちらは歴史的実験として知られる。目標として使用されたのは、ドイツ戦艦オストフリースラントだった。当時の超弩級戦艦で、厚い鋼鉄の「浮かぶ要塞」だった。

オストフリースラントは、バージニア沿岸から一二〇キロ沖に錨で繋留された。立会人は、ワシントンの海軍造船所から一日かけて、輸送船で現場近くに運ばれた。立ち会うのは、軍事省や海軍省の長官、陸・海軍の将官、議員、多数の報道記者たちだった。

海軍の将官たちは、航空機が戦艦を沈めることはないと確信していた。彼らは大観衆の前でミッチェルを失敗させ、航空機の無力さを示そうとした。

ミッチェルは、マーチンMB－2六機とハンドレ・ページ爆撃機一機を送り込んだ。いずれも複葉機だが、二〇〇〇ポンド（約九一〇キログラム）爆弾を一発ずつ搭載していた。当時陸軍に、戦艦を沈めるほど大きな爆弾はなかった。二〇〇〇ポンド爆弾はミッチェル麾下の大砲の専門家が用意したもので、当時としては最大の爆弾だった。

事前の打ち合わせでは、投下する爆弾は三発、直撃弾は二発まで、ということになっていた。また最初の命中弾の後、実験を一時中断して、立会人の代表が点検を行うことになっていた。

ミッチェルはパイロットに、直撃弾を与えないように指示していた。彼は爆弾を少し外し、爆発力と水圧で、舷側に穴を開けることを狙っていた。

最初のマーチン三機の爆弾は、離れたところに落ちた。四番機、五番機の爆弾は、舷側近くで炸裂した。船は傾き、艦尾から沈み始めた。六番機の爆弾は、離れたところに落ちた。オストフリースラントは裏返しになり、二一分で沈んだ。そこへハンドレ・ページが飛来し、余計な爆弾を投下した。

ビリー・ミッチェルは、国民的英雄になった。しかし陸・海軍共同の委員会は、航空の潜在能力《エア・パワー》について「確たる結論は得られない」とした。「依然として戦艦は艦隊の主力であり、海の守りの防波堤」だった。

この後もミッチェルは、航空の潜在能力について、さらに空軍の独立について、過激な発言を続けた。ついに彼は、一九二五年に軍法会議で有罪判決を受け、一九二六年に軍務を辞職した。

一九三六年、ミッチェルは死亡する。五年後、日本軍の真珠湾《パールハーバー》攻撃によって、彼の主張の正しさが立証される。アメリカの空軍が独立するのは、ミッチェルの死の一一年後、一九四七年である。

一九二一年ころ、ジャッキーはT型フォードを買えるまでになった

ジャッキーはコロンバスで、一一歳のころ、美容院を経営する一家に住み込みで雇われた。女主人は三店を持ち、夫と六人の子供がいた。ジャッキーは毎朝五時に起き、食事洗濯から店の掃除、シャンプーの調合、毛髪染料ヘンナの作成に携わった。

一室を与えられ、食事付きで週給は一・五ドルだった。給与は減ったが、パーマネント・ウェーブ（パーマ）や毛を染める技術を習うことができた。パーマは最新の技術で、仕上げるまでに一二時間以上かかった。

常連の得意客は「高級な《ファンシー》」女性で、正面ドアから入ってきた。彼女たちは実は売春婦だった。「立派な《グッド》」女性は、裏口からそっと入ってきた。

ファンシーな顧客の一人は、コロンバスの娼館のマダムだった。彼女は際立って上品かつ博識だった。うっとりと見つめるジャッキーに、マダムは言った。

「あなたのような美しい女性は、シャンプー作りをしなくても髪をウェーブさせなくても、生きていけるのよ。しかし、そうしてはだめ、プライドがどこかに行ってしまうの。働くんですよ。困難な道を行きなさい」

美容院の店員は、歩合制で働いていた。取り分は、四〇パーセントだった。店員は自分たちの取り分から、ジャッキーにチップを与えた。時にその額は、一日に八ドルや一〇ドルにもなった。

ジャッキーは、養家に仕送りすることができた。そのころ織物工場では、ストライキが頻発していた。一家にとってはジャッキーからの送金が、何よりの頼りだった。

二年が経過した。ジャッキーは髪をアップにした。一三歳の少女というより、一五歳に見えた。

ある日、女主人が男と話していた。男は子供の労働状況を調べる調査員だった。女主人は、「店で一六歳以下の子供は使っていません」と言った。さらにジャッキーについて、「後見人になっています」と言って、何かの書類に署名した。

調査員が帰ってから、ジャッキーは女主人に要求した。「店の店員と同じ給料を払ってください。駄目なら、本当のことを調査員に言います」。さらに、次のようにつけ加えた。「私の後見人ですって？　私の親は、絶対に権利を手放しません。なにしろ、私のお金を当てにしてるんですから」

正規の店員になれば、週三〇ドル以上稼げた。女主人は驚き、たじろぎ、ジャッキーを追い出そうとした。しかしジャッキーの方が、彼女を放さなかった。

ジャッキーは立場を強くした。女主人との関係は、その後一年ほど続いた。ジャッキーには、数百ドルの貯えができた。そしてある朝、旅のセールスマンが現れた。

セールスマンは、アラバマ州の都市モントゴメリーから来て、パーマをかける機械を売っていた。セールスマンは悩んでいた。「どの店でも店員が、操作の手順をよく理解しないんですよ」。彼は売ったあと、機械の操作を支援する人間を必要としていた。

女主人にとって、好都合だった。まさにジャッキーこそ、セールスマンがモントゴメリーで必要とした人間だった。こうして多分一五歳の、パーマ機械の専門家が誕生した。

一九二一年ごろ、ジャッキーはモントゴメリー市内の良い地域に、居を構えた。通りに面した上品な家を選び、女家主を説得し、賄い付きの部屋を借りた。

ジャッキーは、歩合給で働いた。しかも、想定された以上に機械を売った。支配人が「十分すぎる」と思う以上の、金を稼いだ。

着る物の好みは、コロンバス時代の奇態を脱した。いまや、高級品を買う余裕ができた。女家主を介して、同世代の友人も作った。大学の社交クラブ《フラターニティ》のパーティーにも顔を出した。

教育があって有望そうな男性にも、出会った。何人かは、彼女に関心を示した。しかし、心動かされることはなかった。自立心を持ち続けること。これが、彼女の心を支配していた。

ジャッキーは、T型フォードを買った。車は貴重な財産だった。旅が好きで、旅をし続けた。エンジンは、習って自分で修理した。エンジンの弁は、自分で調整した。車は、それに応えて走った。

一九二二年、ドゥリットルは二四時間以内アメリカ大陸横断に成功した

対艦実験の終了後、ドゥリットルはテキサス州のケリー飛行場に配置換えになった。このころアメリカでは、陸軍による大陸横断飛行への挑戦が盛んになった。

一九二一年、アレクサンダー・ピアソン中尉はアリゾナからフロリダへ向かう途中、ビッグベンド（メキシコとの国境の南一三〇キロ）に不時着した。ピアソンは徒歩で一週間かけ、国境北側の陸軍野営地に辿り着く。彼は東海岸から西海岸への横断を目指していて、不時着はその準備段階で起きたものだった。

ウィリアム・コニー中尉は、西海岸から東海岸への飛行に挑み、成功した。給油のための着陸は一度で、テキサス州ダラスだった。しかしテキサスでエンジンが不調になり、横断時間は二日と九時間二二分だった。

コニーは諦めなかった。彼は東海岸から西海岸へ、二四時間以内に飛べると考えていた。そして一九二一年三月二五日、フロリダ州ジャクソンビルを離陸する。しかしミシシッピー州上空で霧に遭遇し、エンジン故障《フェイル》も発生した。コニーは不時着しようとして樹木に当たり墜落、五日後に死亡

した。

ジミー・ドゥリットルも、東海岸から西海岸へ、二四時間以内で横断できると考えていた。ドゥリットルの案は、夜に入ってジャクソンビルを離陸、翌朝テキサス州ケリー飛行場で給油、日中にサン・ディエゴに着く、というものだった。

一九二二年八月四日、最初の試みは失敗する。パブロ・ビーチの海岸（当時は自動車の速度試験に使われていた）から離陸しようとして失敗し、機体は大破した。機体は複葉複座のデハビランドＤＨ４、前席に燃料増槽とオイル・タンクが追加されていた。

一九二二年九月四日午後九時五二分、ドゥリットルは修理を終えたＤＨ４で、パブロ・ビーチを離陸した。ケリー飛行場到着は翌朝七時一一分、燃料、オイル、水を補充し、翼の張線を締め直し、ラジエーター漏れを修理する。この間に、手足を伸ばして朝食をとる。午前八時二〇分、離陸した。ドゥリットルは、睡魔と闘いながら飛行を続ける。そして目的地であるサン・ディエゴのロックウェル飛行場に無事着陸した。総飛行距離は三四八一キロ、飛行時間は二一時間一九分、パブロ・ビーチからロックウェル着陸までは二二時間三〇分だった。

結果から見ると飛行の最大の難関は、パブロ・ビーチ出発後の、飛行の冒頭部分にあった。離陸後、二時間ほど満月の中を飛ぶ。高度一一〇〇メートル、速度は時速一六九キロ、そして雷雲が近づいてきた。稲妻がすぐ近くで光り、オゾンの臭いがする。雷雲は大きすぎて、迂回できなかった。ドゥリットルは、真っ直ぐにそれに突っ込む。

激しく揺れる機体を必死に立て直す。そして方位計《コンパス》を信じ、直線コースを飛ぶ。稲妻が閃くごとに、コックピットの脇に見える地形を道路地図と照合する。

その後一時間ほど、漆黒の闇の中を飛ぶ。水平線も足下の地形も、全く見えない。当時の航空機に、姿勢ジャイロ（水平儀）はまだついていない。水平儀とは、ジャイロ（高速回転する小さな弾み車《フライ・ホイール》）が空中で姿勢を変えない性質を利用し、航空機の縦や横の姿勢を示す計器である。

外界が見えない状態で機の制御を失わなかったのは、旋回傾斜計《ターン・アンド・バンク・インディケーター》を搭載していたためだった。

旋回傾斜計は当時使われ始めた計器で、旋回計と傾斜計を一つにまとめたものである。旋回計は拘束《レイト》ジャイロを使って、旋回角速度を示す。一方傾斜計は円弧状のガラス管中に鋼球（と制動液）を入れ、重力と遠心力の合力の方向（見かけの重力の方向）を示す。

ドゥリットルは飛行の準備段階で、オハイオ州デイトンのマックック飛行場を訪ねた。そして実験中だった旋回傾斜計を入手し、賢明にも搭載した。マックック飛行場は、当時陸軍の主要な飛行試験施設だった。

一九二三年、フローレンス・ローは二二歳で、膨大な遺産を手にした

フローレンス・ローは、一九一九年、一八歳で学業を終えた。それまで、何度も転校させられた。それは彼女が裕福な上流階級の子女として、一家の期待に背く性向を有したためだった。

フローレンスは、母メイと祖母ダビンズからは、目をかけてもらえなかった。二人は、病弱の兄

の世話にかかりきりだった。その兄は、フローレンスが一二歳のとき、白血病で死亡した。

フローレンスは、美しい娘とはいえなかった。大きな鼻と口に、肉付きのよい頬、広い肩幅に細い腰回り、ドレスより乗馬スボンが似合った。

彼女が生まれた上流社会では、気立てが優しく、肌は白く滑らかで、手のこんだアップ・スタイルの髪に価値を認めた。彼女の肌は浅黒く、日焼けし、黒い髪は短く、後ろになでつけていた。

彼女は粗野で、行儀が悪かった。室内に泥を持ち込み、輸入した絨毯にばらまいた。止めようとした召使いたちを脅し、脅えさせた。馬丁の少年からは、つばを吐き、悪態をつくことを学んだ。

フローレンスは八歳で、公立小学校に入学した。二三人の生徒の中で唯一人の少女で、悪ふざけの限りを尽くす人気者だった。しかし次第に素行が悪くなり、両親は彼女を転校させた。その後、成績不良と素行不良が原因で、両親は二度、彼女を転校させた。

最後は、エピスコパル教会が運営する全寮制の学校だった。両親と祖母ダビンズは、エピスコパル教会の重鎮だった。そのような家庭で育ったためか、彼女は学校の宗教行事には従順だった。しかしそれ以外のこと、特に女らしさを育成しようとする試みに、反抗した。

ある日ルームメイトが寮の部屋のドアを開けると、中に馬がいた。馬はフローレンスの両親が、近くの村で飼育していたものだった。校長室に呼ばれたフローレンスは説明した。「このかわいそうな馬は、寂しくて、二階の私の部屋まで訪ねてきたに違いありません」

それでもフローレンスは、この全寮制学校を二年で無事卒業した。それは一族の持つ教会への影響力のためだった。一九一九年六月、フローレンスは卒業式を迎えた。

祝辞を述べたのは、卒業生よりかろうじて一〇歳年長の、独身の司祭だった。名をカルビン・ランキン・バーンズといい、エピスコパル教会で、輝かしい経歴をスタートさせようとしていた。バーンズは頑丈なあごと広い額を持ち、落ちついた容貌は第一級のものだった。バーンズが演壇に立つと、女子学生たちがざわめいた。

フローレンスは、バーンズなど気にもとめなかった。彼女にとって卒業式は、自由を意味した。彼女は、今やしたいことができる。そう思って、期待に胸をふくらませていた。

学業を終えたフローレンスは、獣医になろうと思った。馬が好きだったし、牛を父と移動させるのも、好きだった。

しかし母が、反対した。母メイにとって娘は、淑女にふさわしいことをしなければならなかった。社交界にデビューする娘には、それが必要だった。フローレンスはパサデナの芸術学校に行かされ、絵を習う。

金銭を持たないフローレンスに、選択の余地はなかった。両親とともに住み、母の意に添って生きる。しかしフローレンスの反抗やわがままは、止まらなかった。

両親は、娘の将来について話し合った。二人はこれまで、意に添わぬ娘の矯正を学校に委ね、失敗した。しかし二人は、再び、矯正を他に委ねることにした。二人が期待したのは、結婚だった。

祖母キャロライン・ダビンズが、孫娘にふさわしい相手を思いついた。パサデナのセント・ジェイムズ・エピスコパル教会の司祭、フローレンスの卒業式で祝辞を述べた、あのランキン・バーンズである。

これ以上の人物はいなかった。バーンズの父は、サン・ディエゴ最大のエピスコパル教会の聖職者だった。バーンズはバークレー大学を卒業し、東部の神学校も終えていた。

キャロライン・ダビンズは、エピスコパル教会への主要寄付者だった。新築の鐘楼は、彼女の寄贈によるものだった。ロー家は、信徒集会の抜きん出た一員だった。

ランキン・バーンズに、金銭や資産はなかった。社会的地位にある親族もいなかった。しかし威信と世間体は素晴らしく、尊敬に値する人物だった。


一七ヵ月の交際を経て、フローレンスとランキンは結婚した。一九二一年一月五日、二人はセント・ジェイムズ教会で、贅の限りを尽くした式を挙げた。

式の後、参列者たちはロー家の大邸宅に移動した。大広間ではオーケストラの演奏が続き、花嫁にキスしようと長い行列ができた。

フローレンスは婚約者から――頬への軽い何度かを除けば――キスされたことがなかった。男性来客たちの熱烈なキスは、花嫁を驚かせた。

ハネムーンは、新婦には屈辱的な、新郎には不浄な体験であった。

二人は教会付属の司祭館に移り住んだ。大邸宅で召使いに傅かれてきた若い娘にとって、教会住まいは、狭くて惨めだった。料理も家の雑用も、自分でしなければならなかった。その種のことを、フローレンスはほとんど知らなかった。

貧乏暮しの結婚がどういうものか、フローレンスは遅まきながら理解した。そしてそういう状態で、彼女は妊娠に気付いた。ランキンはうれしそうだった。母親は大いに喜んだ。

春から夏へ、彼女のおなかが大きくなるにつれ、フローレンスはランキンと司祭館を離れ、両親の邸で過ごすことが多くなった。その後夏の盛りは、ラグーナ・ビーチ（ロサンゼルス南東七〇キロ）の絶壁の上に建つ母の別荘で過ごした。

一九二一年一〇月九日、フローレンスはパサデナの病院で、四キロの男子を出産した。難産だった。子供は健康で、ウィリアム・エマート・バーンズと名付けられた。その後ビリーとよばれることになる。

退院したフローレンスは、両親の邸に戻った。ロー家で彼女は、自分の部屋で眠り、召使いに世話された。ビリーは、母が雇った看護婦が面倒を見た。

パサデナでフローレンスは、司祭の妻として結婚生活を始めた。しかし幼児の世話をし、聖職者の妻として生きることは、次第に耐えがたいものになった。

彼女は再び、妊婦時代の生活様式に戻っていった。すなわち、両親の邸で過ごす時間が、次第に増えた。そして彼女は、退屈を紛らすもの、何か面白いもの、あるいは興奮できるものを探し始めた。

フローレンスの心を捉えたのは、発展期に入っていた映画業界だった。ハリウッドは南西二〇キロほどの距離にあった。

ここでフローレンスは、急ごしらえの西部劇で、馬の扱いに優れた能力を見せた。さらに代役として馬に乗り、圧倒的な馬術を披露した。

フローレンスが映画の仕事をするのは、月に数日に過ぎなかった。しかしその数日が、彼女の生活を劇的に変化させた。最も影響を与えたのは、そこから得られる収入だった。

フローレンスは、一日当たり一〇〇ドルほどの金を手にした。この金で彼女は、司祭の妻としての生活を続けるために、料理人、家政婦、専任の子守を雇うことができた。映画の仕事がない日、フローレンスは幼子ビリーを子守に託し、母や祖母の土地で馬を疾走させた。

母メイとの間に、新たな緊張関係が生まれた。母にはフローレンスが、司祭の妻として役割を果たしていないことが悩みだった。

その母は一九二三年の春、五〇歳に満たぬ若さで、脳溢血で急死した。

フローレンスは、唯一人の子供だった。フローレンスはサン・マリノ邸とラグーナ・ビーチの絶壁の上の家、さらにメイ自身がロサンゼルス周辺あちこちに持っていた不動産を、相続した。二二歳で、フローレンスは膨大な資産を手にした。

今やフローレンスは、百万長者だった。もはや誰に依存する必要もなかった。しかも自由に使える召使いたちがいた。

父サディアス・ジュニアは、すぐ若い娘と再婚した。相手はフローレンスより三歳年上なだけで、二人は遠くアローヘッド湖（ロサンゼルスの東一一〇キロ）に住んだ。

一九二五年、ドゥリットルは博士号を取得し、シュナイダー・カップ・レースで優勝した

ドゥリットルは軍の友人二人の勧めで、マサチューセッツ工科大学（MIT）に留学することにした。陸軍はMITに、六席の定員を持っていた。

ドゥリットルは一九二三年の秋学期に、MITの修士課程に入学した。軍としての所属は、オハイオ州のマックック飛行場となった。修士論文作成にマックックの航空機を使用できた。

当時の航空機の構造試験や破壊試験は、地上で主翼や尾翼に砂袋を積んで、行った。ドゥリットルは破壊の始まる荷重を、自らの飛行で確かめようとした。

急降下からの引き起こしや激しい旋回は、主翼の揚力を増大させて行う。このとき上向きの加速度が発生し、パイロットは遠心力で、体を座席に押しつけられる。この荷重を、gフォースという。

その荷重は、地球重力の何倍にもなる。例えばgフォースが重力の五倍のとき（体重が五倍になって座席に体が押しつけられる）、これを五gの引き起こし、五gの旋回などという。

ドゥリットルの飛行試験で、主要搭載計測器は加速度計だった。その一つは、航空諮問委員会（NACA）から提供された。現在の航空宇宙局（NASA）の前身である。

飛行試験は、一九二四年三月から始まった。ドゥリットルはマックックの技術者の協力を得て、宙返り、バレル・ロール（樽《バレル》の外周を回るように飛ぶ横転）、スピン（錐揉み降下）、インメルマン・ターン（上昇反転）、急降下からの引き起こしなど、各種の過激な飛行で計測を行った。

この飛行試験は、ドゥリットルの操縦技量を以ってして初めて可能な試験だった。ドゥリットル

は航空機のg荷重を、正確に徐々に増加させた。こうして航空機に起こる破壊を調べた。

例えば複葉機フォッカーPW－7は、八・五gまで耐えるとされていた。しかしドゥリットルは、時速三二〇キロの急降下からの引き起こしで、加速度計が七・八gを示したとき、破壊が始まることを示した。このとき上翼後部の木造構造に、最初の亀裂が現れた。それは、当時の常識を覆すものだった。当時は、翼の前部がまず壊れ、その影響が後方に及ぶと考えられていた。

ドゥリットルの修士論文「加速度計から見た翼荷重」は、後にNACAの報告書№203「飛行における加速度」として発行された。このNACA報告書は、アメリカでは注目されなかったが、国外に配布され多大の反響があった。イタリア、ドイツ、フランス、イギリスなどからドゥリットルのもとへ、詳しい資料を求める手紙が多く来た。

留学期間は二年だった。しかし論文を含め修士課程は、一年で完了してしまった。このため残る一年を使って、博士の学位を目指した。選んだテーマは、「風速の勾配《グレディエント》が航空機の性能におよぼす影響について」だった。

一九二五年六月、ドゥリットルはMITから、航空学における博士の学位を得た。ドゥリットルは、合衆国における航空学の博士号を持つ草分けの一人となった。当時世界で航空学の分野における博士は、一〇〇名程度だった。

博士号取得の四ヵ月後、ドゥリットルはシュナイダー・カップ・レースに、陸軍を代表して出場した。

一九二五年ごろ、アメリカで飛行機は、広く世間の関心を引くものになっていた。各地で飛行《エア》レースが行われ、レース・パイロットは子供たちの憧れの的だった。パイロットは何であれ、「飛行機で初の」記録達成を狙っていた。

中でもシュナイダー・カップ・レースは、当時世界最高の国際スピード・レースだった。閉じた経路を何周もする周回レースで、フランスの富豪ジャック・シュナイダーによって、一九一三年に始められた。本来は、なおざりにされている水上機の発達を意図したものだった。

レースは第一次世界大戦で中断するが、フランス、イギリス、イタリア、アメリカの間で、年ごとに激しい速度競技が繰り広げられた。このレースで優勝することは、パイロットだけでなく、機体設計者、機体製造会社、エンジン製造会社などにとって、最大の栄誉とされた。

レース出場者は速度競技に先立ち、飛行機が洋上で操縦可能なこと（航行性《ナビガビリティ》）と、機体が水を通さないこと（耐水性《ウオータータイトネス》）を示さなければならなかった。水上機の経験のない陸軍中尉ドゥリットルは、僅かな訓練で、洋上滑走法を修得した。

このレースには、一つ伏線があった。レースの二週間前、ニューヨーク市に近い（市の中心から東へ約二五キロ）ミッチェル軍用飛行場で、ピューリッツァー・レースが行われた。シュナイダー・カップ・レースと同様、周回レースだった。

優勝したのは、カーチスＲ３Ｃで飛んだ陸軍のサイラス・ベティス中尉だった。Ｒ３Ｃは当時最新の複葉速度競技機で、フロートをつければ、水上機としても使用できた。

ピューリッツァー・レースではドゥリットルは、サイラス・ベティスの交代要員だった。ドゥリ

ドゥリットル中尉とカーチス R3C（文献 6）

ットルは参加機の飛行ぶりを、つぶさに観察した。そして自分が飛べば、さらに速度を上げることができることに気づいた。

一九二五年のシュナイダー・カップ・レースは、一〇月二六日、イギリス、イタリア、アメリカの三ヵ国で争われた。この時点で優勝回数は、イギリスが二回、イタリアが二回、アメリカはまだ一回だった。出場機はイタリアが二機、イギリスが三機、アメリカが三機だった。

競技二日前と前日、試験や調整で、イギリスの二機が機体を破損した。またレース当日、イタリアの一機がエンジン不調に陥った。結局残ったのは、次の五機になった。

イギリスはヒューバート・ブラード大尉の操縦するグロスター・ネイピアⅢ、イタリアはジョバンニ・デ・ブリガンティの操縦するマッキM33、アメリカは海軍がジョージ・カディー大尉とラルフ・オフスタイ大尉の操縦するカーチスR3C、そして陸軍がジミー・ドゥリットル中尉の操縦するカーチスR3C。

飛行コースは三角形で、一周五〇キロに設定された。三角形の三つの頂点はパイロン（目標塔）で示され、（ボルティモア近くの）ベイショア・パーク沖のチェサピーク湾上に設定された。飛行機は、この三角形のコースを七周する時間を競う。距離は三五〇キロである。

ベイショア・パークには、大観衆にまじり、重要人物、将軍、提督、各国陸・海軍の随行員、飛行機やエンジンの製造会社の関係者などが、姿を見せていた。

五機は、五分間隔で離水した。最初に離水したのは、ドゥリットルだった。

ドゥリットルの戦法は単純だった。基本的には推力全開で飛ぶのだが、パイロンに近づくとき、緩上昇して高度をとる。そして下降しながら急旋回で、パイロンを回る。次いで水平飛行に移って、次のパイロンで緩上昇する。

この下降しながらの急旋回こそ、ピューリッツァー・レース観戦中にドゥリットルが気づいた、時間を短縮する飛行方法だった。後世、一九八〇年代、航空学者が（すなわち本書の著者加藤が）スーパー・コンピューターを駆使して導いた最適な旋回法を、ドゥリットルは直感で編み出していた。

ドゥリットルの次に、イギリスのヒューバート・ブラード大尉が離水した。アメリカ海軍のカディー大尉とオフスタイ大尉が続き、イタリアのデ・ブリガンティが最後に離水した。

ドゥリットルは、常に先頭にいた。そして間もなく、レースはアメリカ陸軍対アメリカ海軍の闘いになった。ドゥリットルの背後に、一時カディー大尉が迫ってきた。海軍のオフスタイと他の二人は、問題にならなかった。

オフスタイは、六周目にエンジンが不調になって脱落し、着水した。次いでカディーもエンジン・オイルが枯渇し、七周目にエンジンが発火した。カディーはオフスタイの近くに着水し、携帯用の消火器で消し止めた。

七周のラップはドゥリットルが最も速く、平均時速三七四キロで、ドゥリットルが優勝した。これは当時の水上機の世界記録だった。二位はイギリスのブラードで、時速三二一キロだった。三位はイタリアのデ・ブリガンティで、時速二七一キロだった。

ドゥリットルが世界記録を樹立する以前の世界記録は、アメリカ海軍のデービット・リッテンハウス大尉が一九二三年にイギリスでのシュナイダー・カップ・レースで作った、時速二八五キロだった。

三周目以降、ドゥリットルがリッテンハウスの記録を破ることは確実視された。四周目以後、ドゥリットルの平均速度は時速三七〇キロを超えていることがアナウンスされた。

ドゥリットルが七周を完了し、着水して審判席《ジャッジ・スタンド》へ向かって滑走するとき、観衆は地鳴りのような歓呼でこれを迎えた。

一九二六年、ドゥリットルはチリの公開演技で、両足首骨折の身で妙技を披露した

マックックに戻ったドゥリットルは、飛行試験部《フライト・テスト・セクション》の責任者《チーフ》に任じられた。飛行試験を指揮するだけでなく、自ら選んで試験に飛ぶこともできた。

一九二六年、カーチス・ライト社が、ドゥリットルに五ヵ月の長期休暇を認めるよう、陸軍に要請した。カーチス製の戦闘機P－1ホークを、南アメリカへ売り込むためだった。陸軍は給料なしの条件で、ドゥリットルに長期休暇を許可した。

一九二六年四月、ドゥリットルはチリの首都サンティアゴに向かった。カーチスの傑出した整備士、ボイド・シャーマンが同行した。二人はニューヨーク港から、木枠に詰めたP－1ホークとともに出発した。

サンディアゴに着くと、ライバルたちも売り込みに来ていた。イギリス、イタリア、ドイツも、自国製の航空機をチリに持ち込んでいた。公開演技は、エル・ボスクで六月末に予定されていた。

ドゥリットルには、イタリア機とイギリス機は、ライバルとは思えなかった。しかしドイツ・ドルニエ社製の機体は、脅威に思えた。ドルニエ機を操縦するのは第一次世界大戦のエース、フォン・シェーネベックだった。エースとは、五機以上を撃墜したパイロットに贈られる称号である。

五月二三日、サンティアゴの将校クラブで、チリ人パイロット主催のカクテル・パーティーが開かれた。ドゥリットルは美味で強力な名物ドリンク、ピスコ・サワーでご機嫌だった。たまたま話題が、映画俳優ダグラス・フェアバンクスにおよぶ。無声映画《サイレント・ムービー》が南アメリカで始まったころで、フェアバンクスの軽業師的な活劇や剣劇が話題になった。

ドゥリットルは、現地の言葉——南アメリカのスペイン語——に詳しいわけではなかった。しかしこの俳優への賞賛を感じとると、「フェアバンクスくらいのことは、アメリカの子供なら誰でもできる」と言った。チリのパイロットたちは眉を上げ、疑念を表明した。

ドゥリットルはピスコ・サワーにも助けられ、逆立ちで歩いてみせた。パイロットたちは拍手喝采し、それに応えてドゥリットルは、何度かとんぼ返りをして見せた。座はさらに盛り上がる。しかし一人が、「フェアバンクスは窓棚《ウインドー・レッジ》で片手で逆立ちをした」と言い出した。窓棚とは、窓下に設けられた狭い棚である。

ドゥリットルは窓を開けた。幅六〇センチの窓棚の上で、まず両手で逆立ちをし、次に片手で逆立ちをした。拍手喝采され、今度は窓棚の内側の縁を片手でつかんで、逆立ちした。そして足と胴を、水平に窓から出した。体操で鍛えたドゥリットルには、簡単な技だった。

数秒して、砂岩製の窓棚が崩れた。ドゥリットルは、五メートル下の中庭に落下した。足から落ち、両足首に激痛を感じた。病院でX線検査の結果、両足首とも骨折していた。回復は六週間と告げられ、両足首は長いギブスで固定された。

入院九日目の朝、ドゥリットルはボイド・シャーマンを病院によんだ。そして金属用鋸を用い、ギプスを膝関節の下だけにした。さらにシャーマンに、P－1ホークの飛行の準備を命じた。シャーマンはドゥリットルの飛行靴に留め金具を用意し、足が方向舵ペダルから滑り落ちないようにした。

六月二四日、ドゥリットルは空港に車で運ばれた。松葉杖で航空機に辿り着き、操縦席に担ぎ上げてもらう。この日の飛行で、右足のギプスの石膏に、ひび割れが生じた。曲技飛行には、両足とも最大限の力を使う。

翌日、左足の石膏にも、ひび割れが生じた。着陸したドゥリットルは、あまりの気分の悪さに、松葉杖で歩くこともできなかった。

ボイド・シャーマンが、義足の作れるドイツ人を探し出した。ドイツ人は新型の石膏製ギプスを作った。可撓性の薄い金属板で――婦人用コルセットのように――補強されていた。重かったが、操縦には満足すべき出来栄えだった。

公開演技の日、ドゥリットルは再び車で運ばれた。またも担ぎ上げられて、機上の人となる。チリの大統領が、閣僚を連れて見物に来ていた。チリ陸・海軍の将官たちも、大勢見物に来ていた。

フォン・シェーネベックは、すでに空中にいた。ドルニエ機で妙技を披露している。ドゥリットルも離陸し、いくつか曲技を見せた。そしてやおら、ドルニエ機を追跡し、追い越した。シェーネベックは、即座にドゥリットルの意図――挑戦――を見抜いた。

フォン・シェーネベックは、ドゥリットルの後尾に回り込もうとした。また後尾に回り込んだドゥリットルを、振り切ろうとした。しかし、いずれも成功しなかった。ドルニエ機は二六〇馬力、ホークは四〇〇馬力エンジンを搭載している。ホークのほうが、速度も運動性も勝った。

カーチス社は、何機ものセールスに成功した。

一九二七年、フローレンスは長旅を経て、パンチョ・バーンズに変身した

ハリウッドは、フローレンスの興味を引き続けた。それは日当の一〇〇ドルのためではなく、ハリウッドの持つ興奮、肉体的挑戦、そしてそこで出会う人々のためだった。

フローレンスは、従兄弟の友人のつてで、ポノマ大学の学生グループと仲良くなった。彼女は彼

らを、相続したばかりのラグーナ・ビーチの家に招いた。そこは週末には、飲み、踊り、ネッキングするパーティー・スポットと化した。

その中の学生の一人と、フローレンスは仲良くなった。夫バーンズが教会の仕事に手をとられているとき、デートと短い旅行をするようになり、一年後には、男女の一線を越えた。彼女は夫が留守の間、相手を司祭館に泊めるようになった。

夫も家政婦も、教会周囲の人たちも、そのことを承知していた。夫は傷つき、困惑した。しかしランキン・バーンズが恐れたのは、スキャンダルが発覚することのほうだった。一方フローレンスにとって、司祭の妻としての地位は、世間体として望ましいものだった。二人にとって、離婚という選択肢はなかった。

フローレンスは、夫の暗黙の了解のもと、生き生きと生活し始めた。サン・マリノの邸と海辺の家で、パーティーは大きく長く、騒々しくなり続けた。友人たちはフローレンスの歓待を喜び、無料の食べ物、豊富な酒を楽しんだ。

そこには、例の学生の恋人もいた。しかし無声映画で著名な俳優や、南カリフォルニア大学の有名なフットボール選手も、フローレンスの注意を引いた。このフットボール選手は、後にジョン・ウェインとして知られる。

パーティー漬けのフローレンスの生活は、次第に騒々しくなった。しかも「バーンズ夫人」のうわさは、パサデナ中に広まった。フローレンスは、長い船旅に出ることにした。

一九二七年一月半ば、フローレンスは蒸気船の一等船客となり、南アメリカを一周する船旅に出発した。本来なら、いかがわしい生活を離れ、白手袋で豪華な休暇に身を委ねるための旅だった。しかし船が港を離れないうちにフローレンスは、長身で日焼けしたテキサスの石油商、ドン・ロックウェルに魅了された。二人は旅のほとんどを、恋人同士として過ごした。

旅はバルボア（パナマ運河の太平洋側の港市）、パナマ、リマ、サンチアゴ、ブエノス・アイレス、リオ・デ・ジャネイロ、トリニダード、ハバナを巡った。二人は独自の冒険もした。港での船の乗り換え時、旅仲間何人かと組んで、ダグボートで川を上流へ、ジャングルの奥深くへと遡った。

また港々で二人は、通常の観光ルートを離れ、ハンセン病患者の集落、ヘビ養殖場、売春地帯などを探検した。ブエノス・アイレスとリオ・デ・ジャネイロでは、街中を飲み歩いた。

ドン・ロックウェルは、フローレンスのような女性は初めてだった。美人ではなかったが、エネルギーと興奮を撒き散らし、全く形式張らず、ぎらぎらした性的欲求をみなぎらせていた。二人は、フローレンスが友人に語った言葉を借りれば、「あきれるほどに下品な情事」を貪った。

三月初め、船はニューヨーク港に戻った。二人はすぐには列車に乗らず、マンハッタンの探検を始めた。グリニジ・ビレッジには数週間留まり、芸術家、思想家、反体制の人たちと交わった。

帰宅したフローレンスは、サン・マリノの邸の装飾をスペイン風に変えた。入口に広く敷石を敷き、その天井部分に手彫りの硬材の梁を渡した。大きな食堂には、一〇メートルもある骨董品のスペイン製テーブル据えた。ロビーには、純銀製のスペイン製の鞍を二つ配した。

サン・マリノ邸は、誰もが認める南カリフォルニアの名所の一つになった。フローレンスはそこに住み、その家を愛した。司祭館で生活するという見せかけは、消えた。

フローレンスの凄まじい旅は、これで終わりにはならなかった。翌四月のある晩、ラグーナ・ビーチの家の地階のバーで、フローレンスたちが旅行話に興じていたときのこと。一人が、南アメリカ行きの船に船員として乗り込んではどうか、と言い出した。最初は酒の上の与太話だったのだが、たまたまサン・ペドロ（ロサンゼルス南西端）からカリフォルニア半島沿いに南下し、メキシコに向かう貨物船があった。パラマウントのスタントマンやMGMのカメラマン、ハリウッドの歯科医、俳優など、フローレンスを含め七人が参加することになった。

フローレンスはサン・ペドロのドックで、雇用契約にサインした。彼女は汚れた毛編みの縁なし帽子を目深くかぶり、その下に髪の毛を詰め込んだ。そしてサイズの大きい男もの作業シャツと胸当て付きズボン姿で、「ジェイコブ・クレーン」と名乗り、船員に加わった。

船は、夜明けにサン・ペドロを出航した。ほどなくして船は米国旗を降ろし、パナマ国旗を掲げた。さらにフローレンスと仲間たちは、船倉に銃と弾薬が積まれていることを知る。メキシコの反政府軍向けのものだった。

メキシコ西岸の港町サン・グラスで、船は積み荷を降ろした。そしてそこで、船は現地の官憲に拘束された。

事情はこうだった。四〇人ほどの盗賊が町と港を封鎖し、封鎖を解くために膨大な金銭を要求した。メキシコ各地では反政府軍が蜂起していて、街を守る軍隊はいなかった。町は自分たちの財産や貴重品を隠すため、それらを船に運び込んだ。

拘束は一週間、一ヵ月と延び、とうとう六週間に達した。乗員の何人かはマラリアにかかった。フローレンスは船から逃げ出すことを提案した。しかし仲間の誰もが、盗賊と反政府軍を恐れ、応じなかった。

ある夜フローレンスは、操舵手が小ボート《ディンギー》で脱出しようとしているのに気づいた。操舵手は元カリフォルニア州漁業研究所の職員で、名をロジャー・シュートと言った。彼はすでにジェイコブ・クレーンが、女であることに気づいていた。船乗りは女性が船に乗ることを忌み嫌う。ロジャーは断るが、フローレンスは同行を説得し、成功した。

二人は夜明けに脱出した。岸までディンギーを漕ぎ、その後は古くから使われているジャングル内の小道を、東へ辿った。ロジャー・シュートは痩せた白い馬に、フローレンスは小さなロバに乗っていた。

朝から晩まで、二人は道を切り開き、川を歩き、あるいは渡り、東へ東へと進んだ。こうしてシエラマドレ山脈を越えた。

あるときフローレンスは、白い馬にまたがるロジャーを見上げ、言った。「老いぼれ駄馬の白馬に乗って、現代のドン・キホーテに見えるよ」

ロジャーは、ロバに乗ったフローレンスを見下し、言った。「そうだとすると、あんたは家来のパンチョになるぜ」

彼女は訂正した。「それならパンチョじゃない、サンチョ・パンサだよ」

ロジャーが答えた。「パンチョでもサンチョでも同じだよ。これから俺は、あんたをパンチョとよぶぜ」

二人は笑って、進み続けた。フローレンスは、「パンチョ……パンチョ……」と繰り返した。明るく力強く、響きがよい。人の注目を引く。そしていかにも自分に似合う。彼女は、この名前が好きになった。

二人は東へ進み続けた。その距離実に六〇〇キロ、遂にメキシコ市に達した。米国とメキシコは友好的でなかった。安宿に閉じこもることも危険だった。二人はうらぶれた酒場に身を隠した。

メキシコ市からは、徒歩になった。メキシコ湾に面する東岸の港湾都市、ベラクルスに向かう。三五〇キロをひたすら歩く。そこから蒸気船で近くの小港へ、さらにユカタン半島のカンペチェに渡る。すでに二人は、所持金を使い尽くしていた。アメリカ大使館は二人に、ニューオーリンズへの船を手配した。

ニューオーリンズから二人は、徒歩とヒッチハイクで西を目指した。それは浮浪者の旅だった。テキサスのオースティンでは浮浪罪で捕らえられ、翌朝二五セントずつ与えられ、町から追放された。

一九二七年一一月、出発から七ヵ月を経て、二人は南カリフォルニアに戻った。二人とも泥まみれで、真っ黒で、疲れ果てていた。

メキシコの旅はフローレンスに、生き方を変えるほどの教訓を与えた。金銭はすばらしい。しかし、いまや必要に迫られれば、彼女はそれなしで生きる自信を得た。たまたま司祭館に現れた彼女は、顔はレザーのように褐色で、短い髪をクチナシ油でなでつけ、革ひも編みのサンダルを履いていた。

彼女は、別の女性に生まれ変わった。名前も変わって、パンチョ・バーンズを名乗るようになった。

一九二八年、ジャッキーは貧困を脱し、ニューヨークへ向かった

ジャッキーはモントゴメリーで、少年裁判所の女性判事の知遇を得た。ジャッキーの会社が経営する美容院の常連の一人で、彼女はアラバマで強い影響力を持っていた。

この婦人がパーマをかけに来ると、二人は一日中話し続けた。ジャッキーは婦人には、良い印象を与えるよう心がけていた。

「どうして美容師になったの、ジャッキー」

「わかりません。たまたまなったんですが、この仕事が好きです」

「あなたは頭も良いし、手先も器用だわ。人生はいろいろなことができるし、すべきなのよ」

「だけど私のような経歴で、他に何ができますの。私は小学校の三年生を終えていないんです」

「私はあなたを、モントゴメリー病院の看護過程に入れてあげることができます。あなたなら、

良い看護婦になれます」

婦人は看護婦の方が、美容師よりやりがいのある仕事だと主張した。ジャッキーは疑念を抱いたが、婦人はジャッキーを高く買っていた。ジャッキーは婦人を信ずることにした。

ジャッキーは看護学校に入った。仕事に不安は無かったが、血を見るのだけは苦痛だった。終始辞めたい衝動に駆られた。その都度、看護婦は美容師よりやりがいがあるのだと、自分に言い聞かせた。

看護学校には三年間通った。学課の成績は悪かったが、実技の腕は良かった。またカトリック病院で看護の仕事をしたことは、礼儀や作法の訓練になった。

看護の課程は終えたが、州の試験は受けなかった。筆跡だけで――算数の学力は言うに及ばず――合格できないことはわかっていた。そして、あの婦人の期待を裏切ることが、耐えられなかった。

フロリダ州の北東端ボニフェイで、看護婦を急募していた。看護婦がどうしても必要な場所らしく、免許証は不要だった。恰好の口実だった。

身の回りのものをT型フォードに積み込んで、出発した。一九二五年ころのことである。

ボニフェイは悪臭を放っていた。病院の不潔さは、習ってきた姿とは、恐ろしく違っていた。小瓶、大瓶でいっぱいの戸棚は、埃まみれだった。瓶は汚れていて、ふたが転がっていた。器具はさびて曲がり、あちこち壊れていた。医術が害をなしているとさえ思えた。

給与は、一日三ドルだった。そして、二つの出来事が起きた。診療所から二〇キロ離れた伐木搬出の野営地で、怪我人が出た。一行はトロッコで現場に着いた。怪我人は脚を押しつぶされていた。ジャッキーは古いバスタブの下で火を焚き、沸騰水で器具を消毒した。

続いて、貧しい母親の分娩を助けに赴いた。夜間、真っ暗な室内には、小さなランプが一つあるだけだった。母親の脇で三人の子供が、藁のベッドで寝ていた。

意気消沈した。にっちもさっちもいかなくなった。かつて感じた仕事の高揚感が、全くなかった。心はペンサコラに向かった。ペンサコラは、ボニフェイに最も近い都市だった。一度動き出した心は、もう止まらなかった。そこには美容院が、ありあまるほどあるはずだった。

ペンサコラで、先ず、長い間しようと考えていたことをした。電話帳から、「コクラン」という姓を選んだ。これがいかにも、自分らしい苗字のように思えた。

養家の苗字は、とにかく自分とは関係がない。養家には、仕送りは続けていた。しかし姓だけは、別のものにしたかった。コクラン。新しい生活を始めるのに、良い姓ではないか。

美容院を経営する気難しい婦人と、共同経営を始めた。ある会社のドレスの型紙を、T型フォードを使って売り歩いた。地図と辞書が、常に座席にあった。たくさん型紙を売った。販売術は、足を使って学んだ。

新しい言葉を覚え、使うことを心がけた。文法は乱れ、手書きの文字はニワトリの足跡のようだ

ジャッキー・コクラン，ニューヨークに出たころと4歳のころ（文献2）

った。句読点をつけることが、どうしてもできなかった。

あらゆることに、興味を持った。それは、正規の教育を受けていないことを補うためだった。教育がないことを、後悔しない日はなかった。他人がどう考えるか、誰がそれに気づくか、常に思い悩んだ。

ジャッキーは一時期ペンサコラから、ミシシッピーの都市ビロクシに移った。そこのエッジウォーター・ビーチ・ホテルで、美容院を経営した。その後ハリケーンの被害を受け、ペンサコラに戻った。例の婦人との共同経営は、続いていた。

ペンサコラにいたことが、飛行との最初の接点になった。飛ぶのはまだ先のことだが、ジャッキーはここから、その方向への一歩を踏み出した。

ジャッキーはペンサコラ海軍飛行学校に、ダンスに行った。踊ったりデートした人の中に、後に大佐や将官になった人がいた。ジャッキーと海軍空軍との接点は、ここから始まる。

かつておさがりのボロ着を着せられていた少女は、いまや際立って人目に立つ美女となっていた。茶色い大きな目、ゆらめく金髪、染《し》みのない美しい肌。

初対面で人は、その美しさに息を呑む。最初彼女を、壊れやすく繊細な女性と思う。そして言葉を交わすと、角張った顎、茶色の目に潜む光、そして鋼のような落ち着きに気づく。

ペンサコラの店に届く業界雑誌には、最新髪型に関する連続講習の広告が毎号載っていた。再教育講座と称するこの講習は、フィラデルフィアで行われていた。

ジャッキーは、ホットな髪型に飢えていた。共同経営者の婦人に言った。「最新流行を手に入れて、戻ってきます」。一九二八年ころのことである。ジャッキーは二一、二歳になっていた。

フィラデルフィアでは、最も費用のかかる講座を受講した。六〇ドルも払ったのだが、当てが外れた。誰も、午前一〇時の開講時には現れなかった。調髪については、教師よりジャッキーの方が詳しかった。逆にジャッキーが、九ヵ月間教えることになった。

ペンサコラに戻ったジャッキーは、期するところがあった。共同経営者に、店の持分を売った。ジャッキー・コクランは、ニューヨークに出るつもりだった。

第2章　伝説のエア・レーサー

一九二八年、女流飛行家アメリア・エアハートが絶賛を浴びた

女流飛行家アメリア・エアハートが広く世間に知られるのは、ジャッキーがニューヨークを目指し始めたころである。

パンチョがシエラマドレ山脈でロバで苦闘していた一九二七年春、長身痩軀の二五歳のチャールズ・リンドバーグが、最初の単独大西洋横断に成功した。

リンドバーグの横断成功後、ニューヨーク大手出版社の御曹司ジョージ・P・パットナムが、女性パイロットを売り出そうと考えた。パットナムはアメリア・エアハートを捜し出し、大西洋横断に挑むことを依頼し、アメリアは契約に同意した。ちなみにパットナムは、後にリンドバーグに回想録を書かせ、それはベストセラーになる。

一九二八年の春、アメリア・エアハートは、カナダ東部のニューファンドランド島からグレー

ト・ブリテン島南部のウェールズに、水上単葉機フォッカーF Ⅶで飛んだ。この飛行は絶賛を浴び、女性の社会進出の象徴として注目の的となった。

アメリアは、一八九七年にカンザス州で生まれた。パンチョより四歳、ジャッキーより九歳ほど、年上である。一九二一年に女性パイロット、ニタ・スヌークのもとで飛行を始め、一九二二年、女性の最高高度到達記録四二六七メートルを樹立した。しかし両親の離婚で経済的余裕を失い、ボストンでソーシャル・ワーカーとして働いていた。

アメリアは女性として初めて、大西洋を約二一時間で横断した。ただし、クルーの一員として飛んだに過ぎなかった。しかしリンドバーグと同じ長身痩軀で、リンドバーグの妹のように見える美女だった。

ジョージ・パットナムはアメリアを、「レディ・リンディ」——女性リンドバーグ——と名付け、宣伝した。アメリアは新聞報道で、リンドバーグに比肩する著名人になった。後に一九三〇年、ジョージとアメリアは結婚する。

アメリア・エアハート以前に、女性パイロットは何人もいた。ちなみに最初の女性パイロットは、一九一一年にライセンスを得たサンフランシスコの報道記者ハリエット・クインビーである。しかしリンドバーグとエアハートの相乗効果で、アメリカ中が飛行機に熱狂するようになった。

アメリア・エアハート（文献3）

その中心はロングアイランド島（特にルーズベルト飛行場）、オハイオ州デイトン（ライト兄弟の故郷）、そして南カリフォルニアだった。

一九二八年、パンチョは操縦免許を得て、毎日を飛行場で過ごすようになった

同じ一九二八年春、パンチョは新しい冒険に目を向けた。すでに、メキシコ旅行の冒険談を――脚色して――仲間に吹聴し終えた。パーティーも再開した。乗馬にも励んだ。そういうものに退屈した結果が、飛行だった。

きっかけは、従兄弟のディーン・バンクスが操縦を始めたことだった。一緒にアーケーディア（サン・マリノの東七キロ）近くの飛行場に行った。当時南カリフォルニアには、滑走路三〇〇メートルほどの小さな飛行場が、農場や果樹園の中に多数作られていた。

その飛行場には土の滑走路と、気球用の古い格納庫があるだけだった。第一次大戦機が何機かあって、パイロットが数人いた。パンチョは、その場で操縦を習うことを決めた。ディーンの教官ベン・ケイトリンがゴーグルを渡し、パンチョを前席に乗せ、短い飛行を行った。そして彼が教官となり、翌日から練習を始めることが決まった。

翌朝、ベンはパンチョを乗せ、高度千メートルほどに上昇した。そこから翼を垂直に立てる急旋回、直径の大きい宙返り、左右の激しい上昇急反転などを行った。そこから再び上昇し、機を失速させ、垂直錐揉み降下に入れ、高度一〇〇メートルほどで引き起こし、細い滑走路に着陸した。

地上走行が終わり、機が停止すると、ベンがにやりとして言った。「まだ操縦を習いたいかね」。パンチョもにやりと笑って言った。「くそっ、あたりまえじゃないの」。顔は紅潮し、目は爛々と輝いていた。

ベンは、頭を振り振り言った。「言っておくが、いままで三三人の女性を教えたが、単独飛行まででいったものは、一人もいないよ」

パンチョは週に何回か飛行場に通った。ベンは一五分の飛行に、五ドル請求した。唯一の計器は、エンジン潤滑油ゲージだった。機体の姿勢は、外を眺めて決めた。計器盤に鍵用の鎖が吊されていた。これが直線飛行しているか否かを知る手段だった。燃料量は、タンクに紐を垂らして測った。

前後の操縦席は、風防があるだけだった。二人とも、体を外気にさらして飛ぶ。二人の間に伝声管はない。ベンは手信号を使った。手の上げ下げは、機首の上げ下げを示す。手が左右を指せば、そちら側の翼を上げよの意味となる。手が頬を指すと、機がそちら側に横すべりしていることを意味した。

ベンは道路を伝って飛び、直線水平飛行を教えた。水平線で姿勢を判断し、鎖を使って直線を維持する。パンチョはこの方法を、すぐ修得した。ベンにとって、これほど覚えの早い女性は初めてだった。パンチョは恐れ知らずで、飛行をひたすら楽しんでいた。

次いで曲技飛行——上昇急反転、宙返り、バレル・ロール、横すべり、失速、錐揉み降下——へと進んだ。夏の初めには、着陸に進んだ。

七月初め、パンチョは中古のトラベル・エア製大型複葉機を、五五〇〇ドルで購入した。曲芸飛行家は、第一次大戦機の余り物ジェニーに六〇〇ドル払った。素人パイロットは、まあまあの小型機に千ドル払った。パンチョの五五〇〇ドルは、平均的年収の五倍だった。

パンチョは、教官ベンや従兄弟のディーン、そしてアーケーディアに飛んでくるパイロット仲間と、ほとんどの時間を飛行場で過ごすようになった。母の遺産が、それを可能にした。召使いたちは、サン・マリノの邸を維持した。乳母がそこで、息子ビリーの世話をした。聖職者バーンズと結婚して、七年半が経過していた。すでに結婚はおろか、その見せかけもなくなっていた。

夫ランキン・バーンズは、司祭館に住んだ。妻パンチョ・バーンズは、大邸宅に住んだ。法律上の離婚はなかったが、以後二人は、再び共に住むことはなかった。

二人の間に、敵意や反目はなかった。ランキンは教会の仕事に励んだ。仕事にふさわしい妻を迎えることも、考えないではなかった。しかし彼は、教会のヒエラルキーを昇ることを重視した。離婚や再婚は、その妨げとなる可能性が強かった。

パンチョにとって、この状態は必ずしも不都合ではなかった。独立した婦人としての、地位があった。妻として母としての、責任を免れることができた。

使っていた飛行場の所有者が墜死し、その後も事故が続いた。ベンやパイロットたちは、飛行場から追い出された。パンチョはボールドイン・パーク（アーケーディアの南東五キロ）の飛行場に、機体を移した。

ベンは、単独飛行に関し、パンチョに課題を示した。三点接地を六回続けて成功させること、これが操縦ライセンスを認める条件だった。三点接地とは、主車輪と尾輪を同時に接地させる着陸である。九月初め、パンチョは課題をパスした。

パンチョは最初の単独飛行に、幼なじみの男性を同乗させた。パンチョが飛行場に戻ってきて滑走路上一五メートルを通過したとき、幼なじみは張線を摑んで翼上に立っていた。

彼女は、日が暮れるのを惜しんで飛んだ。空に上がれば、弁解も妥協も、躊躇もなかった。調子は常に最高だった。彼女にとって飛ぶことは、本能的なものだった。友人には、こう話した。「それは私を、売春宿のセックス・マニアのような気にさせるの」

パンチョは毎日を、飛行場で過ごした。一ヵ月後、サンタ・バーバラまで二五〇キロを往復した。地図を膝上に置き、道路と鉄道を伝って飛んだ。

位置がわからなくなると、低く降りて駅名を読んだ。風向きやその強さを知りたいときも、低く降りて、洗濯物のはためき具合を見た。

数週間後、更なる冒険を求めて、サン・フランシスコを往復した。エンジンが不調で、途中で都合八回、着陸した。その都度パンチョはスパーク・プラグを磨き、離陸した。その日遅く、ボールドウィン・パークに戻ってきたとき、エンジン排気孔に炎を認めた。

三日後、パンチョはこの機に二五〇〇ドルを添え、映画監督ハワード・ホークス所有のトラベル・エア製複葉機、スピードウィングと交換した。この機のほうが、速度も性能も上だった。従兄弟のディーンは、何事も自分が上と考える人間だった。彼は直ちに二万五〇〇〇ドルで、新品の客室付き機体を購入した。

パンチョはスピードウィングで、空港から空港へ飛び回った。ロサンゼルス周辺には、五〇以上の飛行場があった。彼女はパイロット仲間に、広く知られるようになった。

パイロットたちにとって、パンチョのような女性は初めてだった。彼女は胸当て付きズボンか乗馬ズボンに、青の木綿の作業シャツを着ていた。用具を一人で持ち歩き、機体は自分で点検し、誰の助力も頼まなかった。

パンチョ・バーンズ（文献1）

ただし、誰にでもタバコをたかった。生焼けのハンバーガーを好み、「人食い人種のサンドイッチ」と称した。きわどい話をし、いかがわしいジョークを飛ばした。

遠くから見ると、パンチョは女性には見えなかった。そして彼女をよく知る人さえ、彼女が大金持ちであることは知らなかった。

一九二八年、パンチョ邸は乱痴気パーティの会場と化した

出会ったパイロットの一人は、飛びきりのハンサムだった。パンチョは彼を、サン・マリノの邸に誘った。その夜二人は、天蓋付きの巨大ベッドで愛し合った。

続く数週間、二人は部屋を変え場所を変えて、痴態の限りを尽くした。

パンチョは、常に情事を楽しんだ。それは興奮であり、刺激であり、スリルであった。愛や献身は求めなかった。パンチョが求めるのは、楽しみだった。

ある日、このハンサム男はパンチョに無断で、彼女のスピードウィングで飛んだ。彼女は激怒し、即座に男を放逐した。

パンチョは仲間と組んで、ショーもどきの飛行を始めた。そういうとき、集まった見物人から料金を徴収した。

さらに従兄弟のディーンと組んで、ロサンゼルスから南東へ三〇〇キロ、メキシコ西北端の海岸都市エンセナダに飛び始めた。そこまで飛ぶと、酒の密輸船が碇泊していた。

アメリカでは、一九二〇年から禁酒法が施行され、酒類の醸造、販売、運搬、輸出入は禁止されていた。パンチョは、希望者を一〇ドルで同乗させた。戻ってくると彼女は、あちこちの飛行場の格納庫で、エンセナダでの冒険談に花を咲かせた。

ほどなくパンチョの飛行機仲間は、サン・マリノの邸に集まるようになった。この家から一・五

キロほどのところに、アルハンブラの飛行場があるためだった。パイロットたちは夜ごとに、メキシコの密造酒を携えてやって来た。

パンチョは、スコットランド製の良いウィスキーを提供した。パーティーはすぐ有名になり、次第に有名な飛行家も集まるようになった。ジミー・ドゥリットルもその一人だった。パンチョと未来の将軍の交流は、ここから始まる。

パーティーは夜通し続き、週末まで続き、時にさらに延びることもあった。パンチョが外出し、数日して戻ると、パーティーが続いていることもあった。彼らは勝手にパンチョの酒を飲み、階上の彼女のベッドまで使用した。

ラグーナ・ビーチの家でも、気前のよいパーティーが続いていた。家は太平洋に張り出した六〇メートルの絶壁の上にある。その家から数百メートルのところに、祖母キャロライン・ダビンズの家があった。

キャロラインはすでに八〇代後半だったが、一族の女家長の地位を保っていた。礼節を重んじ、道徳を説く保守的人間で、孫の一人はパサデナ市長を務めていた。

パンチョの乱痴気パーティーがエスカレートするにつれ、祖母はパンチョに文句を言った。一族の者は女家長に従順だったが、パンチョは違った。「おばあちゃん、あなたがこの家を動かしてよ」

キャロラインは、そうした。ロサンゼルス最高の建築家を雇い、パンチョの家を遠く離して——二〇エーカーの地所の中で——建て直した。

改築に際し建築家は、多くの客室と水泳プールをつけ加えた。プールの壁の一面は、新しい家の地下室の壁になっていた。その窓から地下室のバーの客は、泳ぐ人たちの姿を――水中の姿を――眺めることができた。

パンチョはこの家で多くの週末を、そして夏のほとんどを、過ごした。サン・マリノの邸で彼女は、飛行機仲間をもてなした。ラグーナ・ビーチの家では、ハリウッドの人間をもてなした。

サン・マリノの邸にもラグーナ・ビーチの家にも、それぞれ料理人、家政婦、庭師、馬屋の世話人がいた。息子ビリーには、専任の子守女がいた。パンチョはクリスマスには、クライスラーの最高仕様のコンバーチブルを買い、白いキツネの毛皮のコートで運転した。

パンチョの金銭に対する感覚は、単純だった。持っているから使う。彼女は、財務については何も知らず、注意も払わなかった。誰も彼女に、出費を記録することや予算を組むことや、出費の前に考えることを教えなかった。

飛行免許を得たパンチョには、家の維持と仲間の接待に加え、別の出費が加わった。それは飛行機を買い、維持し、飛ばすための費用だった。

一九二九年二月、グレンデール（パサデナの西一〇キロ）のグランド・セントラル飛行場で、世界初の女性だけの速度レースが行われた。この飛行場の拡張を記念するお祭り騒ぎの一環で、三人が出場した。

三人とは、レースの提案者で滞空時間記録を更新したばかりのボビ・トラウト、ビバリーヒルズの飛行家で飛行場所有者マーガレット・ペリー、そしてボビと知り合ったばかりのパンチョ・バーンズだった。
レースは約三〇キロのコースを二周する時間で競われ、パンチョが二四・六分で飛んで優勝した。パンチョはマーガレットに六分、ボビに八分の差をつけた。この結果はむしろ当然だった。二人の機体のエンジンが一一五馬力と六〇馬力だったのに対し、パンチョのスピードウィングは二二五馬力エンジンを搭載していた。

ロッキード・ベガ（文献 13）

パンチョは石油会社ユニオン・オイルと契約を結んだ。胴体に社のマークを入れ、頼まれれば重要人物を運んだ。またロッキード社やビーチクラフト社のテスト飛行を引き受けて飛んだ。

ロッキード社は、単葉機ベガの最大重量での飛行テストをパンチョに依頼した。後に多くの記録を樹立し、レコード・ブレーカーのニック・ネームを与えられる傑作機である。高翼の単葉機で、胴体はビヤ樽を引き延ばしたような形をしていた。当時としては、洗練された形状の機体だった。

パンチョはバーバンク飛行場で、ベガに多量の燃料を残して着陸し、脚を損傷した。安全を懸念したロッキード社は、テストを遠隔の地に移した。

ロサンゼルスの北へ一〇〇キロ、サン・ガブリエル山地を越えると、広大なモハーベ砂漠が広がる。ほとんど人は住まず、視界を遮るものはない。空気は澄んでいて、乾燥している。その砂漠には、乾湖《ドライ・レーク》――年間を通してほとんど乾上がっている湖――が、あちこちにある。

乾湖は広大で平坦で、天然の飛行場だった。ロッキード社がベガのテストに選んだのは最大の乾湖で、現在ロジャーズ・レークとして知られる乾湖の傍だった。近くに少数の定住者が住みつき、そこはミューロックと呼ばれる場所だった。

春、テストで砂漠の上を飛んでいるとき、パンチョは小さな農場を見つけた。農場はロジャーズ・レークの西側の縁《へり》近く、ミューロックの数キロ南に位置した。

農場は短形で、濃い緑色が黄褐色の砂漠と、著しい対照を見せていた。パンチョは子細を見ようと、高度を下げた。

濃い緑は牛馬の飼料のアルファルファ――マメ科の多年生牧草――で、何百メートルにもわたって生えていた。しかも驚くべきことに、灌漑用の溝には水が満ちていた。

もしあそこに自分の飛行場を持つことができたら……パンチョは旋回を続けた。

一九二九年、世界初の女性だけの大陸横断レースが行われた

一九二九年、ルイス・グリーブがクリーブランド・ナショナル・エア・レースの会長に就任し、オハイオ州クリーブランドにエア・レースを誘致した。以後(一九三三年と一九三六年のロサンゼルスを

除く）一九三九年まで、クリーブランドで毎年ナショナル・エア・レースが行われ、航空界の主要行事の一つになった。

この一九二九年夏、世界初の女性だけの大陸横断レースが行われた。これは、この年クリーブランドに誘致されるナショナル・エア・レースを盛り上げる競技――あるいは催し物――の一つだった。

女性たちはカリフォルニア州サンタ・モニカを出発し、四五〇〇キロ飛んでオハイオ州クリーブランドに至る。途中七ヵ所で宿泊し、総計飛行時間の短さを競う。

競技者は、方位計《コンパス》と地図を頼りに、米国南西部と中西部を八日間飛ぶ。無人の荒野への不時着に備え、飲料水一ガロン（約四リットル）、麦芽粉乳《モルトミルク》と乾燥牛肉《ビーフジャーキー》三日分を搭載して飛ぶ。

この時点でアメリカには、操縦免許を持つパイロットが四六九〇名いた。この中で女性パイロットは三四名だった。レース出場には、単独飛行時間一〇〇時間以上が要求された。有資格者は三〇人前後だったが、二三名が参加登録した。実際に離陸したのは一九機だった。

八月一八日午後、サンタ・モニカのクローバー飛行場。観衆は二万人、飛行機は土の滑走路の手前に、二列に並んで待機した。午後二時ちょうど、クリーブランドからの出発開始の号砲が、ラウドスピーカーで中継された。スターターの振る旗を合図に、一分間隔で離陸が始まった。

この日の飛行は機体のチェックを兼ねたもので、一一〇キロ東のサン・バーナディーノまで、短距離のものだった。一位はルイーズ・セイデン（三種目記録保持者）、離陸後二七分で着陸した。二位はマーベル・クロッソン（アラスカの職業パイロット）、三位はパンチョ・バーンズだった。

パンチョは、大陸横断飛行の経験に乏しかった。しかし七月に数週間を使って、クリーブランドまでの全コースを飛んでいた。ちなみに宿泊地はサン・バーナディーノ、フェニックス、エル・パソ、フォート・ワース、ウィチタ、セント・ルイス、コロンバスの七ヵ所だった。宿泊地間の各所に燃料給油地が用意され、通過地点は都合一七ヵ所。

その夜女性たちは——続くすべての宿泊地でも同じだったが——にぎやかな祝宴に出席し、続いて翌日の飛行のために、長いブリーフィングを受けた。

第二日、四時に起床。六時までに離陸し、次の給油地点、三〇〇キロ東のアリゾナ州ユマに向かう。太陽に向かって、気温急上昇する砂漠を飛ぶ。ユマでの着陸で、アメリア・エアハートのベガは砂の小山に突っ込み、プロペラを損傷した。

またマーベル・クロッソンは、高い気温と乱気流に襲われた。激しい飛行機酔いに陥ったらしい。ユマ到着直前、手前のヒラ川上空で落下傘脱出した。しかし高度が低すぎ、墜死した。パイロットたちは彼女の死を第二の宿泊地、二五〇キロ東のフェニックスで知らされた。

パンチョはこの行程を最も速く飛び、経過時間で首位に立った。続く順位は、ルイーズ・セイデン、グラディス・オドンネル（周回コース・レーサー）、アメリア・エアハート（女性《レディ・》リンドバーグ《リンディ》）だった。

第三日、五八〇キロ東のエル・パソに飛ぶ。第四日、八五〇キロ東のフォート・ワースに向かう。この間一機は故障で、もう一機は手荷物の発火で、一時不時着した。別の一機は地図を風で吹き飛ばされ、方向を確かめるため、一時不時着した。

パンチョは、エルパソ離陸後の最初の給油地、二七〇キロ東のペーコスに向かう途中で、コースを外れた。やむを得ず、小さな町に着陸した。そこはメキシコだった。幸い、官憲に拘留される前に飛びたった。

パンチョは、ペーコスの飛行場に進入した。着陸寸前、脚が何かにぶつかり、スピンしながら着地した。操縦席を飛び出したパンチョは、滑走路を横切ろうとした自動車と衝突したことを知った。運転手もパンチョも、無事だった。しかしスピードウィングの右翼は破壊され、左翼も支持部が破損した。飛行場での修理は不可能だった。機体は列車で、ウィチタのトラベル・エア社に送られた。パンチョの一九二九年のレースは、終わった。

パンチョはウィチタに、二日遅れで着いた。翌日、トラベル・エアの代表者と共に、最終到達地クリーブランドに向かう。

結局第四日の宿泊地フォートワースには、一七機が到達した。二万人の観衆は、警官の制止ラインを破り、着陸機に群がった。観衆には、多くの女性がいた。彼女たちの日傘が、着陸機の翼の羽布を突き刺した。

フォートワースでは、マーガレット・ペリー（かってパンチョ、ボビ・トラウトと速度レースに挑んだ）が腸チフスに罹った。残る一六機は北上した。

第五日、一六機は五五〇キロ北の宿泊地ウィチタに向かった。彼女たちはそこで、夜通し宴会責めにあった。

第六日、給油地カンザス・シティーの飛行学校の格納庫で、格式張った午餐会が開かれた。宿泊地セント・ルイスでは、改めて宴会が催された。

第七日、午後遅く、一六機は最後の宿泊地、オハイオ州コロンバスに到着した。最終到達地オハイオ・クリーブランドまでは二〇〇キロを残すのみ。首位はルイーズ・セイデン、続いてルース・ニコルズ（水上飛行機パイロット）とアメリア・エアハートが、僅差で並んでいた。

翌朝、離陸中のルース機が突然傾き、滑走路端に駐車していたトラクターに衝突、横転した。続いて離陸しようとしていたアメリアは、ベガの操縦席を飛び出し、ライバルの脱出を助けに走った。ルースは無傷だったが、アメリアは大幅に時間をロスした。

クリーブランドではルイーズが、何万という観衆の歓呼に迎えられ、到着した。一時間遅れてグラディス・オドンネルが、さらに一時間遅れてアメリアが到着した。賞金は一位ルイーズが三六〇〇ドル、二位グラディスが一九五〇ドル、三位アメリアが八五〇ドルだった。最終地点まで到着したのは、参加二三機中一五機だった。

その夜スタットラー・ホテルで、ブラック・タイ着用の祝宴が張られた。パンチョを含む女性パイロットたちは、イブニングドレスに身を固めて列席した。

横断レースの女性たちが到着した八月二五日の日曜日は、クリーブランド・レースの第二日目だった。ちなみに世界恐慌の発端、ニューヨーク株式市場の大暴落が起こるのはレースの二ヵ月後、一九二九年一〇月二四日である。

一九二九年のクリーブランド・エア・レースは、空の黄金時代の幕開けを告げるレースだった。

レースは八月二四日から九月二日にかけて行われ、三五の周回コース競技を含む各種の競技や展示、曲技飛行などが行われた。入場券の売り上げは五〇万枚を超えた。

この一九二九年のクリーブランド・エア・レースは、エア・レースを民間人にも広げた点で画期的だった。すなわち、グランドフィナーレの飛び入り自由競技《フリー・フォー・オール》で、それまで常に主役を演じてきた陸・海軍が初の敗北を喫した。

この日、民間人操縦士ダグラス・デービスは、単葉機トラベル・エア・Rで出場し、カーチスP-3Aで飛ぶR・G・ブリーン中尉を破った。軍の優位を初めて覆し、先端技術の重要性を認識させた記念碑的出来事だった。

デービスはクリーブランドに到着するや、トラベル・エア・Rに覆いをかけ、誰にも見せなかった。このため新聞記者たちは、この機を「ミステリー・シップ（神秘の飛行機）」とよんだ。

姿を現したミステリー・シップは、低翼単葉の機体だった。空気抵抗を減ずるため、四〇〇馬力空冷星形エンジンは大きなカウリング（カバー）に納められ、脚も巨大なスパッツ（流線形カバー）で覆われていた。

デービスは、このレースに楽勝した。真紅のミステリー・シップは、八〇キロのコースを時速三一四キロで飛んだ。しかし実際には、もっと速かった。彼は第二周でパイロン（目標塔）の一つを回り損ね、戻って回り直して、この記録で優勝した。失敗がなければ、時速三八〇キロ相当を記録したはずだった。

ちなみにトラベル・エア・Rは、この年の別のエア・レースでフランク・ホークス大尉によって、アメリカ横断一二時間二五分の新記録を樹立した。

パンチョは、このレースを見ていた。パンチョは羨望の眼差《まなざ》しで、ミステリー・シップを見つめた。それはパンチョの持つトラベル・エア複葉機とは、別次元の機体だった。

一九二九年、ドゥリットルは世界初の完全計器着陸を成功させた

一九二九年九月二四日、計器飛行に関する画期的実験が、ニューヨーク州ロングアイランドのミッチェル飛行場で行われた。実験の費用は、ダニエル・グーゲンハイム基金で賄われた。グーゲンハイムは、航空の振興のために多大の基金を提供していた。

実験の目的は、霧の中の飛行の研究とその解決だった。実験を指揮したのは、陸軍航空隊から派遣されたジミー・ドゥリットル中尉だった。陸軍の航空部《エア・サービス》は、一九二六年に航空隊《エア・コー》に名を変えた。

実験に使用した飛行機は、複葉複座の練習機コンソリデーテッドNY－2ハスキーだった。脚の緩衝支柱《オーレオ・ストラット》は特に長くされ、着地時の荷重を吸収するようになっていた。また後席はキャンバス地のフードで覆われ、前席にセイフティ・パイロットが同乗するようになっていた。

飛行機の位置を決めるために、二種類の誘導電波《ホーミング・ビーコン》と、(位置を知らせるため上空に)扇形に電波を発する標識《マーカー・ビーコン》が使用された。NY－2では、搭載計器がビーコンと機の相対位置を示した。降下角の選定は、エンジン・スロットルを特定の位置に保つことでなされた。

飛行に必要な地上施設、機上装置の開発には行政機関や、民間の企業、研究所が多数協力した。

その中には後に世界的大企業に発展するRCA（ラジオ・コーポレーション・オブ・アメリカ）や、後に半導体研究とトランジスター開発で名をあげるベル電話研究所が含まれていた。

当時方位を知る計器は、磁気コンパス（羅針儀）だけだった。この計器は旋回時に誤差を生じ、計器着陸の目的には精度が足りなかった。

旋回傾斜計も、計器着陸の目的には十分でなかった。接地の際は翼が水平になっていることが必要で、風が強いとき旋回傾斜計では、そこまでの精度は期待できなかった。

コンソリデーテッドNY−2とドゥリットル（文献6）

計器着陸を行うのに必要なのは、正確で見やすい、方位と姿勢の指示器だった。ドゥリットルは、旋回傾斜計の発明者エルマー・スペリー・シニア博士に相談した。当時スペリー・シニアは七〇歳近く、スペリー・ジャイロスコープ社を率いていた。

スペリー・シニアは、息子のエルマーを設計と製作に当たらせた。この結果、スペリー製の人工水平儀《アーティフィシャル・ホライゾン》と定針儀《ディレクショナル・ジャイロ》が生まれた。スペリーの人工水平儀と定針儀は、改良されて現在も使用が続いている。

ドゥリットルは、高度計の精度不足も痛感していた。当時の気圧高度計は、高度がたかだか一五メートルか三〇メートルの精度で読めるだけだった。

当時パイオニア・インスツルメント社から独立した科学者ポール・コルスマンが、コルスマン・インスツルメント社を起こし、この種の計器を製造していた。ドゥリットルは、コルスマンにも協力を求めた。

コルスマンが開発した高度計は二つの針を有し、一方の針が一回転するとき、他の針は二〇回転した。この速く動くほうの針の最少目盛（約八ミリ）は、六メートルの高度変化を示した。コルスマン・インコーポレーテッドは現在も、航空電子工学関連器機の有力なメーカーの一つである。


ドゥリットルたちは、大型のトーチランプを用いて、霧を取り除くことも考えていた。これは、岩石を加熱して破砕していた砂利採石業者からのアイディアだった。

トーチランプをミッチェル飛行場に据え付けて待つこと二ヵ月、一九二九年九月二四日、ついに待望の濃い霧が現れた。午前六時、関係者が招集され、トーチランプが点火された。

しかし霧は晴れなかった。霧が消えたのは、トーチランプのごく近くだけだった。風で霧が動くと、霧の消えた場所は、すぐ新しい霧で埋められた。

全員が失望し、霧の中に立ち尽くした。しかしここでドゥリットルが、霧の中でNY－2を飛ばす飛行実験を思い立った。

NY－2が格納庫から引き出された。地上電波の担当者が配置につき、ビーコンが発射された。ドゥリットルは離陸し、高度一五〇メートルで霧を抜けた。一回りして着地地点に向かう。離陸後一〇分で着陸した。しかし、すでに霧は晴れ始めていた。

このころには、グーゲンハイムやミッチェル飛行場の司令官など、重要人物が何人も到着していた。そこで「公式の」、フードを下ろした計器飛行を行うことになった。ドゥリットルは、単独で飛ぶことを希望した。しかしグーゲンハイムは、セイフティ・パイロットが同乗することを強く主張した。

ドゥリットルの乗る後席は、フードで完全に覆われた。五〇人ほどの人たちに見守られ、ドゥリットルはミッチェル飛行場の芝地の滑走路を離陸した。

ドゥリットルは西に向かって離陸、ゆっくり上昇し、高度約三〇〇メートルで水平飛行に移った。左へ一八〇度旋回し、一〇キロほど飛ぶ。NY－2は、滑走路の東側に位置している。ここでもう一度、左へ一八〇度旋回した。NY－2は、ミッチェル飛行場の滑走路に向かい、西向きになった（はずだった）。

計器上では、左右一対の板状の薄片《リード》が弧状に振動していた。NY－2が正しいコース（滑走路の中心線）上にあると、二つのリードが同じ幅の弧を描く。

計器上には、別にもう一つ振動する薄片があった。こちらはマーカー・ビーコン（進入路上にある）に近づくと、振幅が増大する。振幅は発信器上で一度ゼロになり、再び最大振幅に戻って、以後減少する。この振幅に相当する信号音を、ドゥリットルはヘッドセットで聞く。

ドゥリットルは、ゆっくりと降下を開始した。高度六〇メートルで水平飛行に移る。マーカー・

ビーコンを通過、エンジン・スロットルを印《マーク》の位置まで絞り、地面に向かう。すでに何度も経験した飛行だった。しかしドゥリットルには、進入も着地も、上出来とは思えなかった。

飛行中、前席のセイフティ・パイロット（ベン・ケルシー中尉）は、両手を上翼にかけ、後縁を掴んでいた。これは皆に、ドゥリットルが操縦していることを示すためだった。

飛行は一五分ほどで終わった。これは離陸から着陸までを、計器だけで行った世界初の飛行だった。NY－2で飛行試験を始めてから、一〇ヵ月と三週間目の出来事だった。

「空における人類の最大の敵である霧が、昨日、ミッチェル飛行場で征服された。ジェームズ・H・ドゥリットル中尉は、地上や機外の何物も見ることなく、ただ計器盤を見るだけで、離陸から二四キロのコースを飛行、そして着陸までを行った」（ニューヨーク・タイムズ）

一九三〇年、ドゥリットルは陸軍を退役し、シェル石油の航空部門に就職した

計器飛行実験は、一九二九年末で終了した。残った装置はライト飛行場に送られ、計器着陸実験に供されることになった。

ライト飛行場とは、マックック飛行場の後身である。新飛行場は、デイトンから遠くない場所に、一九二七年にオープンした。ライト兄弟の工場がデイトンにあったことにちなみ、ライト飛行場と名づけられた。ここは現在、ライト・パターソン基地になっている。

ドゥリットルは陸軍にとどまるべきか否か、悩んだ。ドゥリットルはすでに一〇年間、中尉に留め置かれた。陸軍の約二〇〇ドルの月給は、一家、妻と息子二人を養うには不足していた。

ドゥリットルはシェル石油会社《ペトローリアム・カンパニー》の勧誘《オファー》を受け、一九三〇年二月一五日付けで陸軍を辞した。また三月には、専門家予備軍《スペシャリスト・リザーブ》の少佐に、大尉を飛び越えて二階級特進した。

航空業界で、シェルの名はよく知られていた。第一次世界大戦ではアメリカが参戦する一九一七年まで、連合国軍側のほとんどの航空機に、シェルの航空用ガソリンが独占的に用いられた。戦争が終結するや、ロンドンのシェルは航空部門を立ち上げた。最初の契約の一つは一九一九年、KLMオランダ航空の定期便への給油だった。

当時アメリカのシェル・グループは、三つの石油会社に分かれていた。ドゥリットルは、セントルイスの航空部門に雇用された。石油各社は、エア・レースで自社の製品を宣伝する人間として、著名なパイロットを雇用していた。

シェルはドゥリットルの提案で、二万五〇〇〇ドルもするロッキード・ベガを購入することになった。購入するベガは四二五馬力のプラット・アンド・ホイットニー製ワスプ・エンジンを搭載した新型機で、乗員二名、乗客五名を乗せることができた。

ドゥリットルは、ベガの空輸を自分で行った。カリフォルニア州バーバンクのロッキード工場からミッチェル飛行場へ、自らベガを飛ばせてきた。それはシェルがドゥリットル一家の移動に、ベガの使用を許したからだった。

一九三〇年二月一六日、彼らは早朝の出発を予定していた。

夜半降雪があり、風の強い寒い朝だった。夜明けとともに、一家は荷物をベガに運んだ。多数の人々が見送りに来た。別れを告げ、滑走路に向かう。滑走路には車輪の跡が見えた。前日のわだちの跡に、雪が積もって凍っていた。

ドゥリットルは、スロットルを全開にする。片方の車輪が、雪の吹きだまりに捕まった。離陸を続行、再び車輪が吹きだまりに突っ込む。脚が折れ、ベガは横倒しになって雪上を滑る。左翼とプロペラがひどく損傷した。

燃料タンクも壊れ、燃料が漏れた。幸運にも着火は免れた。人々が駆け寄り、雪で塞がれた客室ドアを開く。ジョーと子供二人（ジェームズ・ジュニア九歳、ジョン七歳）は、スーツケースや箱の山の中から、ほうほうの体で脱出した。ドゥリットルは、陸軍で修得したあらゆる種類の罵詈《ばり》雑言《ぞうごん》を連発する。

ニューヨーク・タイムズは、「ドゥリットル、民間人としての離陸《ホップ》に失敗、前陸軍パイロット、一二年目の再出発で雪中に墜落」と報じた。離陸失敗の原因は、引っ越しのための荷の積み過ぎ《オーバーローディング》だった。

ベガの修理費は一万ドルにおよんだ。ドゥリットルにとって救いは、シェルから何の咎め立てもなかったことだった。

一九三〇年、パンチョは世界最速の女性になり、多数の航空映画に出演した

クリーブランド・エア・レースの数ヵ月後、二機目のミステリー・シップが製作され、これをパンチョが購入した。価格は一万二五〇〇ドル、パンチョはさらに六五〇〇ドルの装備品を加えて、購入した。パンチョもその機を、真紅に塗装した。

当時女性の速度記録は、アメリア・エアハートの持つ時速二九七キロだった。一九三〇年八月四日、バン・ナイズ（パサデナの西三〇キロ）のメトロポリタン飛行場で、パンチョは記録更新に挑んだ。計測コースを高度五〇メートルで三度跳び、平均時速三一六キロの公認速度記録を樹立した。

ミステリー・シップとパンチョ（文献1）

ユニオン・オイル社は、真紅のミステリー・シップが、自機の風で樹木の大枝を撓《しな》らせて飛ぶ広告を作製した。この時点でパンチョ・バーンズは、世界最速の女性になった。

記録達成後のパンチョは、競技より大陸横断のような長距離飛行に精力を注ぎ始めた。一九三〇年の終わりまでに、アメリカ大陸を一〇回ほど往復した。

またメキシコへも、奥深くまで飛んだ。例えばピックウィック航空が新しい航路を開拓しようとしたときのこと。この社の依頼を受けて、ロサンゼルスからメキシコ市へ飛んだ。メキシコ市まで女性が飛ぶのは、初めてだった。

パンチョはスピードウィングを駆ってカリフォルニア湾東岸を南下、グアダラハラから東進し、五日間かけてメキシコ市に達した。役人、高官たちの大歓迎に会う。三日間、休みなしのパーティーと酒場まわりが続く。彼女は多くの友人や崇拝者を作った。

一方でパンチョは、映画の世界で、曲技飛行で存在を示した。このころハリウッドは、飛行機映画作りの熱に浮かされていた。ハワード・ヒューズ製作の大ヒット航空映画「ヘルズ・エンジェルス」が公開されるのは、一九三〇年五月である。

パンチョはヘルズ・エンジェルスを始め、一〇ほどの映画に出演した。技術監督も務め、ときには脚本も書いた。このためトラベル・エア・スピードウィングで、モハーベ砂漠上空を飛び回った。

仕事が終わるとパイロットたちは、パンチョのサン・マリノの邸に集まった。そこは彼らの非公式の本部で、同時に、二四時間開いているバーだった。

パンチョ邸に集まるパイロットたちは、そこで酔い、話し、パンチョの馬を乗り回した。彼らは何日でも、パーティーを続けることができた。

パンチョがいてもいなくても、階上の寝室で寝ることができた。寝室はたくさんあり、でき心とパンチョの好み次第では、共に寝室で過ごすこともできた。

パンチョは夫ランキン・バーンズに、定期的に手紙を書いた。パンチョは、常に飛び回っていた。ランキンも、仕事の関係で旅する機会が増えた。どちらが旅をしていても、パンチョは手紙を書き、ランキンはこまめに返事を書いた。

二人は、一九二八年以来別居していた。しかし実際には、数キロ離れて住んでいる。そして手紙をやりとりする意味での親密さは、二人の距離が互いの旅で離れるにつれ、より深まるように見えた。

一九三一年春、ランキンはエピスコパル教会全国評議会の幹部書記に出世した。このためニューヨークのホテルに住居を移した。

パンチョは、ランキンのためにそれを喜んだ。ランキンは九歳になった息子ビリーを、ニュージャージーの全寮制学校に移した。パンチョはそれを、意に介さなかった。パンチョはビリーのことを、元来気にかけなかった。

一九三一年、ドゥリットルはベンディックス・レースで優勝した

一九三〇年代に入り、アメリカに新たに二つのエア・レースが創設された。

一九三〇年、ドンプソン・プロダクツ社の社長チャールズ・トンプソンが、陸上機の速度競技のトロフィーを設けた。これがトンプソン・トロフィー・レースで、以後ナショナル・エア・レースの目玉の一つになる。

トンプソン・トロフィー・レースはピューリッツァー・レースと同じく、パイロン・レースだった。すなわち、パイロンが示す周回コース（の外側）を回る速度競技で、賞金は四五〇〇ドルだった。

一九三一年、ベンディックス・エビエーション社の社長ビンセント・ベンディックスが賞金を寄付し、これをもとにクリーブランド・エア・レース委員会が、アメリカ大陸横断時間を競うベンディックス・トロフィー・レースを設けた。

ベンディックス・レースは飛び入り自由の速度競技《フリー・フォー・オール・スピード・ダッシュ》で、カリフォルニア州バーバンクのユナイテッド空港からオハイオ州クリーブランドへの飛行時間を競った。賞金は七五〇〇ドルだった。

ドゥリットルは、一九三一年（第一回）のベンディックス・レース出場を狙い、カンザス州ウィチタに〝マッティ〟・レアドを訪ねた。レアド製作の速度競技機は、一九三〇年の第一回トンプソン・レースで優勝していた。

レアドはこの機を、「レアド・ソリューション（レアドの解）」とよんだ。そしてさらに「スーパー・ソリューション（最高級の解）」と名づける新型機を製作しようとしていた。レアドはドゥリットルに協力を約する。

第一回ベンディックス・レースは一九三一年九月四日、真夜中の午前零時を期して始まった。参加者は同じ日の東部時間午後七時までに（一六時間以内に）、クリーブランドの決勝線を切らなければならなかった。

ベンディックスは、さらに追加賞金二五〇〇ドルを設けた。これは西海岸から東海岸の、ニューアークまでの大陸横断記録を更新した場合に与えられる。この時点での最高記録は、フランク・ホークス大尉の一二時間二五分だった。

経路、高度、給油地点の選択は自由だった。ドゥリットルは、アルバカーキ（ニューメキシコ州）とカンザスシティ（カンザス州）で給油することにした。シェルの給油チームが、両飛行場に待機した。彼らは五三〇リットルの燃料を、一〇分以内で給油することができた。

クリーブランドに着陸して記録更新が望めれば、再び給油してニューアークへ飛ぶ予定だった。レース当局者は、レース続行者に特別の（速い）給油を約束していた。

出場者は、ドゥリットルを含め八名だった。ドゥリットルの使用機はスーパー・ソリューションで、これだけが複葉機だった。当時は単葉機への移行期で、すでに高性能機の多くは単葉だった。残る七名のうち、ウォルター・ハンターはトラベル・エアのミステリー・シップで飛んだ。他の六名は、ロッキードの機体（ベガ、オリオン、アルテア）を使用した。出場者は次のような人たちだった。

アート・ゴーブルは、かつてのハリウッド曲芸《スタント》パイロットで、一九二七年の太平洋横断ドール・レース（オークランド―ホノルル間）の優勝者だった。ビーラー・ブレブンズはアトランタから来た曲芸飛行家《バーンストーマー》で、ハロルド・ジョンソンはシカゴのエアライン・パイロットだった。ジョンソンはフォード・トライモーター（三発動機、乗員二名、乗客一五名の大型旅客機）を宙返《ループ》りさせた最初の人間として知られた。

陸軍のアイラ・イーカー大尉は、改良民間型のロッキード・アルテア（ワスプ五五〇馬力、単葉、引き込み脚の高性能機）を用意していた。後にヨーロッパで第八空軍を率いる将軍である。ルー・ライチャーズは雑誌社を経営するベルナー・マクファーデンのお抱えパイロットだった。

ジェームズ・ホールは裕福な株式仲買人で、飛行家でもあった。ホールは家屋に墜落して放り出され、半ブロック先の教会敷地内に落下傘で着陸して生還したという、いささか疑わしい逸話の持ち主だった。

深夜にもかかわらず、バーバンクには群衆が集まった。彼らの見守る中、離陸が始まった。ルー・ライチャーズがまずアルテアで離陸した。ウォルター・ハンターがミステリー・シップで続く。アイラ・イーカーがアルテアで離陸、続いてハロルド・ジョンソンとビーラー・ブレブンズがオリオンで離陸した。

ドゥリットルのスーパー・ソリューションは六番目に出発した。離陸は太平洋時間の午前二時四〇分だった。これにアート・ゴーブルがベガで、そして最後にジェームズ・ホールがアルテアで、それぞれ離陸した。

クリーブランドまでは三二九二キロ、この距離を飛べば、どこかで悪天候に遭遇するのは必至だった。何人かは計器飛行を経験していたが、経験がほとんどない者もいた。

バーバンクを離陸して二時間五二分で、ドゥリットルはアルバカーキに着陸した。シェル・チームは、スーパー・ソリューションに給油する間に、ドゥリットルにコップ一杯のミルクを渡す。カンザスシティに向かって離陸。ライバルたちがどこにいるか、ドゥリットルにはわからない。

後にわかることだが、ミステリー・シップのウォルター・ハンターは、アリゾナ州ウィンズローとカンザス州フォートライリーで給油した。しかしインディアナ州テレホート近くで燃料パイプが破れ、エンジンが着火した。ハンターは近くの空港に着陸し、軽い火傷を負った。ルー・ライチャーズ（お抱えパイロット）もゴールできなかった。彼は計器飛行の経験が乏しく、鉄道路線を伝って飛んだ。しかし転轍機で路線を間違えたらしく、位置を失ってネブラスカ州ビアトリスに着陸した。

残る五人は飛び続けた。

アルバカーキを離陸して三時間五分で、ドゥリットルはカンザスシティに着陸した。概して追い風に恵まれ、クリーブランドまでは、都合九時間一〇分で飛んだ。

自分が首位か否か、ドゥリットルにはわからない。後から離陸した者に、飛行時間で抜かれるかもしれない。しかし競技委員長から、「最初の到着である。賞金七五〇〇ドルは君が手にするだろう」といわれる。

ジミー・ドゥリットル，1931年ベンディックス・レース優勝直後（文献6）

着陸時、クリーブランドは細雨が降っていた。観衆は多くなく、妻ジョーと子供たちの二人の顔が見えた。ドゥリットルは大陸横断記録に挑むことを告げ、すぐ離陸する。

天候は急速に悪化していた。前線が前方に横たわっていた。激しい暴風雨の中を、計器飛行で通り抜ける。アレゲーニー山脈を越えると、少し明るくなった。ニューアーク空港に向かって急降下する。東部時間の午後五時少し前、ニューアークに着陸した。バーバンクからニューアークまで、横断時間は一一時間一一分だった。

ドゥリットルは、フランク・ホークスの記録を一時間以上短縮した。ドゥリットルは、大陸横断一日（二四時間）以内と半日（一二時間）以内を、最初に達成した人間となった。賞金七五〇〇ドルに加え、追加賞金二五〇〇ドルも手にした。

ドゥリットルの平均速度は、時速三五九キロだった。二位はジョンソンで、クリーブランド到着はドゥリットルより約一時間遅れた。彼は賞金四五〇〇ドルを手にした。三位はブレブンズで、最後の賞金三〇〇〇ドルを手にした。以下イーカー、ゴーブル、ホールの順にゴールした。

ニューアークまで飛んだ場合、なるべく早くクリーブランドに戻ることが要請されていた。ドゥリットルは観衆に別れを告げ、その日のうちに妻子の待つクリーブランドに飛ぶ。

着陸するや、セントルイスに電話する。支援チームの歓喜に満ちた様子が伝わってくる。副社長アレクサンダー・フレイザーが「大祝賀パーティの最中である」「帰ってきてほしい」という。それは命令のように聞こえた。

ドゥリットルは同僚のジミー・ハイツリップ（著名なレース・パイロット）と、社用機ベガで再び離陸した。夜の一〇時ごろ、セントルイスに戻る。

そして翌朝、フレイザーとドゥリットルは再びクリーブランドへ飛ぶ。レースの詳細を知り、賞金を受け取るためだった。

三日後、ドゥリットルは同じスーパー・ソリューションで、トンプソン・レースに臨む。一九三一年のトンプソン・レースは、一周一六キロの不規則五角形を左回りで争われた。しかし七周目、エンジンのオーバーヒートでピストンが故障し、競技を放棄した。

一九三二年、ドゥリットルはトンプソン・トロフィー・レースに優勝し、レースから引退を宣言した

一九三二年、ドゥリットルはベンディックス・レース、そしてそれに続くトンプソン・レース、ともに出場を狙っていた。

レアドと彼のグループは、ドゥリットルの要求に応え、スーパー・ソリューションを改良した。改良機はエンジン出力を増し、脚は引き込み式（手動クランクによる）になった。

しかし八月二三日、改良機の片側の脚がロックせず、草地に胴体着陸《ベリー・ランディング》した。ドゥリットルは負傷しなかったが、機体は広範囲に損傷した。

ベンディックス・レースは八月二七日に行われる。機体を修理して出場することは、不可能だった。

事故は、新聞で全国に報道された。レース機製造者からドゥリットルに、「自分の機で飛んでほしい」という申し出《オファー》が多数寄せられた。

事故から四日後の八月二七日、ザンフォード・グランビルがドゥリットルに電話してきた。ザンフォードはグランビル兄弟の長兄で、兄弟はジー・ビー・レーサーとよばれる競技機を製造していた。

ジー・ビー・レーサーは、小型軽量機に大出力のエンジンを積み、異様に機首が太い機体だった。胴体は後尾に向かって大きく絞り込まれ、操縦席は小さな垂直尾翼の真前にある。

ジー・ビー（Gee Bee）の名は、その形状がミツバチに似ているところから来たとされる。「ジー」には「急げ」の意味があり、「ビー」はミツバチである。しかし何よりもGとBは、グランビル兄弟（グランビル・ブラザーズ）の頭文字である。

実はドゥリットルが脱落した一九三二年のトンプソン・レースでは、優勝したのは、ローエル・ベイレス操縦のジー・ビーZだった。

ベイレスは続く一九三一年一二月のデトロイトのレースで、ジー・ビーZを操縦中に墜落し、死亡した。原因は燃料《ガス》キャップの一つが外れ、薄い風防《キャノピー》を破ってベイレスの頭を直撃したためと推測された。

グランビル兄弟は、プラット・アンド・ホイットニー・ワスプ・エンジン搭載の新型ジー・ビー機を、二機完成させていた。二機はR－1、R－2と名づけられた。

五五〇馬力ワスプ・ジュニア・エンジン搭載のR－2はリー・ゲルバックが、また七五〇馬力ワスプ・エンジン搭載のR－1はラッセル・ボードマン（長距離飛行家で曲技飛行士）が、それぞれ一九三二年のベンディックス・レースで使用することになっていた。

しかし八月中旬、ボードマンは別のジー・ビー機で練習中に墜落し、入院した。八月二七日のザンフォード・グランビルの電話は、ドゥリットルにジー・ビーR－1でのトンプソン・レース出場を打診したものだった。

翌日ドゥリットルは、兄弟の住むマサチューセッツ州スプリングフィールド（ボストン西方約一三〇キロ）へ飛ぶ。兄弟の会社グランビル・ブラザーズ・エアクラフトは市の外れ、ごみ捨て場近くにあった。

ジー・ビーR－1（文献6）

工場は、かつてのダンスホールだった。兄弟はここで、スプリングフィールド・エア・レーシング協会の財政援助を受けながら、手作りの世界最速機を作ることに没頭していた。

格納庫から、ジー・ビーR－1が八月の熱い太陽の下に押し出された。空港ではこの夏、大恐慌の影響で、飛行機はほとんど飛ばなかった。伸びた草が午後の風で、波のようにうねっていた。

R－1は、全長たった五・五メートルの機体である。巨大なエンジンに取って付けたような胴体と主翼。ドゥリットルは、機体の周囲を何度も歩き回った。そして飛行中のこの機の振る舞いを、全身全霊で推測した。

やがてコックピットに入る。昇降口《ハッチ》は閉められ、外からねじ留めされた。エンジンを始動、エンジンは轟音を発した。ドゥリットルは発進した。動き出した瞬間から、R－1がいかに扱いにくく予測できない《アンプレディクタブル》機体であるか、知る。

ドゥリットルは機首を西に、クリーブランドに向ける。飛行場を周回することすら、しなかった。クリーブランドに用心深く進入する。そして無事着陸させた。

ジー・ビーR－1は、速度は速かった。しかしそれを飛ばすことは、鉛筆を指の上に立てるようなものだった。一瞬たりとも、操縦桿から手を離すことができなかった。ドゥリットルは、この小さい怪物《リットル・モンスター》を信用していなかった。

用心を怠らなかったことは、正しかった。レース前のテスト飛行で、ドゥリットルは一五〇〇メートルに上昇した。そしてR－1を手なずけるまでに、激しい横転《スナップ・ロール》を二度経験した。もし高度に余裕がなければ、墜死しているところだった。レースではこの怪物を、一瞬の油断もなく操らなければならない。

一九三二年トンプソン・レースでは、出場資格として、時速三二一キロ以上（前年より時速四〇キロ増加）が要求された。九月三日の速度計測で、ドゥリットルは時速四七七キロを記録した。

それまでの世界記録は、一九二四年一二月にフランスのフロランタン・ボネがベルナールV2で作った時速四四八キロだった。この時点でジー・ビーR－1は、陸上機の世界最速機になった。

クリーブランド・エア・レースでは、通常最後の催し物《ファイナル・イベント》が、トンプソン・トロフィー・レースとなる。一九三二年のトンプソン・トロフィー・レースは、九月六日に行われた。

レース開始は、午後五時が予定されていた。時間経過とともに、巨大な正面特別観覧席《グランド・スタンド》には五万人を超えるファンが押し寄せた。観衆は、ジー・ビー機の危険性をよく承知していた。

四時を少し過ぎたころ、ドゥリットルはR－1のコックピットに入る。ワスプ・シニア・エンジンを始動すると、気化器《キャブレター》がバックファイア（シリンダー内で燃焼すべき混合ガスが吸気管・気化器などへ炎を逆流させる現象）した。

火炎はエンジン・カウリングを覆い、さらに後方へ広がった。ドゥリットルは消火器を掴んで、コックピットから飛び出す。整備士と二人で、火炎を消し止めた。当時消火器は、コックピットの標準装備品だった。幸い、機体に被害はなかった。

ドゥリットルはコックピットに戻り、エンジンを再始動する。そしてスタート・ラインに向かって地上走行を開始した。

九機が、特等席《ボックス・シート》の前に整列した。開始予定の五時を過ぎ、五時一五分、エンジンが始動した。ぶんぶんという音が轟音に変わり、プロペラ後流が後方の草をなぎ倒す。号砲が響き、緑のスターティング・フラッグが振られた。

競技は、一六キロの三角コースを一〇周して競う。離陸は一〇秒間隔だった。

最初にボブ・ホールの「ホール・ブルドッグ」が離陸した。次にドゥリットルがジー・ビーR－1で離陸する。ドゥリットルは、すぐに先を行くホールを捉えた。

観覧席からは、飛行場の向こう側のバック・ストレッチで、ジー・ビー機がホール・ブルドッグの後方、上側を飛んでいるのが見えた。ジー・ビーのスパッツ（固定脚を覆う流線形カバー）が、餌食の鳥を捕らえる鉤爪のように見えた。

二機は、飛行場の並木の向こうに消えた。そして轟音とともに、グランド・スタンド前に戻ってきた。このときドゥリットルは、すでに首位に立っていた。以後抜かれることはなかった。ドゥリットルが一〇周して決勝線を切ったとき、ドゥリットルのR－1は一周遅れの機と並んでいた。ちなみにリー・ゲルバックのジー・ビーR－2は、五位だった。

地上員が風防を開けたとき、ドゥリットルの目からは涙が流れていた。ドゥリットルはそれを、「生涯悩まされた枯草熱《ヘイ・フィーバー》（現代の花粉症）のため」と主張した。

何百人もの人間が、周囲に群がっていた。新聞記者やラジオ・レポーターは、ドゥリットルとトンプソン夫妻を囲んで、押し合い圧《へ》し合いしていた。ドゥリットルは無言で、レースを制した幸福感に浸っていた。

ドゥリットルの平均速度は四〇七キロで、トンプソン・レースの新記録だった。この記録は一九三六年まで破られなかった。ドゥリットルは賞金四五〇〇ドルと、速度の世界記録を更新した賞金一五七五ドルを手にした。

レースから少しして、ドゥリットルはエア・レースからの引退を宣言した。これは多くの人を驚かせた。引退の動機の一つは、レース中のカメラマンたちの振る舞いにあった。

ドゥリットルがジー・ビーR－1で競技中、一群のカメラマンが、レースを見物する妻ジョーと二人の子供の周囲に群がった。それはカメラマンたちが、ドゥリットルが墜落したときの家族の写真を撮ろうとしたためであった。

第3章　女流飛行士

一九三二年、ジャッキーは億万長者オドラムに出会った

一九二九年、ジャッキーはニューヨークに移り住んだ。多くの人には大恐慌の始まる年だが、ジャッキーには大発展の始まる年になった。

ジャッキーは、ブロードウェイと79番通りの角に部屋を借りた。バス、キッチン付きで、大きな窓が二つあり、セントラル・パークが見渡せた。

職探しは最高ランクの店、リッツ・ホテルの美容院から始めた。店主はチャールズといった。

「私は熟練者です。何でもできますわ」

「熟練者と言えるほどの年には見えないけどね」

「多分私のほうが、あなたより腕は上だと思いますわ」

「ほんとかね」

「どのお客からも、歩合は五〇パーセント戴きたいわ」

交渉は物別れに終わった。

「君は自分の髪をカットしなければならんだろうな」

翌朝、チャールズは下宿屋に電話してきて、五〇パーセントの歩合を受け入れると言った。しかし今度は、ジャッキーのほうが断った。

結局ジャッキーは、アントワーヌの美容院で働くことになった。普通の店で一ドルの染髪が、四〇ドルする高級店だった。アントワーヌは人気者で、美容院は常連客で賑わっていた。客の中でジャッキーを気に入った者は、彼女を避寒にマイアミへ、仕事にヨーロッパへ、同行を求めた。パスポートの申請で年齢にさばを読んだのは、このころである。

マイアミへは、愛車のシボレーで行って、冬を過ごした。行きも帰りも、全速で飛ばした。いつも、前年の記録を破ることを心がけた。シボレーは良い車だった。それを限界まで駆り立てた。シボレーは、ニューヨークのボーイフレンド、マイク・ローゼンと、半額ずつ出し合って買ったものだった。

一九三二年、マイアミのホテルで、ジャッキーは元スペイン大使主催の晩餐会に招かれた。ここでジャッキーは、フロイド・オドラムに出会った。二人はカクテルパーティーでも、並んで座った正餐の席でも、話し続けた。

フロイドはべっこう縁の眼鏡をかけ、色白で、そばかすがあった。小さい町の弁護士が、マイアミで休暇をとっているように見えた。

実際には、億万長者だった。オハイオ出身のメソジスト教派の牧師の息子で、弁護士として稼いだ金を、何百万ドルにも増やしていた。ニューヨークには、妻と子供が二人いた。

「私はアントワーヌの店をやめて、化粧品を売る道へ進みたいの」。この夜、ジャッキーはフロイドに言った。「あの店は窮屈すぎて、お客は欲求不満なんです。私が本当にしたいのは、旅行なんです。広く戸外で働きたいんです」

フロイドは言った。「ジャッキー、いまは不景気ですよ」。フロイドがマイアミにいる理由の一つも、彼の会社アトラス・コーポレーションの業績が悪化したためだった。「このような経済状況で、必要な活動拠点を抑えて富を得ようとするなら、翼がいります。パイロット・ライセンスを取りなさい」

ジャッキーが飛行を習いたいと考えたのは、初めてではなかった。しかし、実際に操縦免許を取ろうと考えたのは、この夜以来だった。

その後ジャッキーは、マイアミで二度フロイドと会った。

フロリダの冬は終わり、ジャッキーはニューヨークに戻る。二ヵ月が経過した。一九三二年五月一一日、アントワーヌで仕事中、受付係が呼びに来た。待っていた電話だった。

その夜、二人は食事を共にした。この日はジャッキーの誕生日だった。ジャッキーがそれを言うと、フロイドはポケットから二〇ドルの金のお守りを取り出した。それは生涯、ジャッキーの金庫に納まった。

フロイドは、ジャッキーより一四歳ほど年上だった。フロイドは、ジャッキーの夢の実現に手を貸した。フロイドはジャッキーに、ジャッキーが考える以上のことを望んだ。

二人が出会ったころ、フロイドはニューヨークのクイーンズに家を持っていた。二人の関係は静かに始まった。

フロイドはジャッキーに、二人の関係について口を噤むことを望んだ。二人の子供を傷つけないためだと言った。夫人との関係は、事実上終わっていた。

一九三二年、四〇歳のとき、フロイドはアトラス・コーポレーションを設立した。その後多くの会社を支配したり、あるいは影響下に収めた。その中にはグレイハウンドバス会社、RKOパラマウント・ピクチャーズといった映画製作配給会社、ニューヨーク・プラザ、アンバサダー、ヒルトンなどのホテル、コンソリデーテッド・バルティー航空機製造会社などが含まれていた。

ジャッキーとボーイフレンド、マイク・ローゼンは、ジャッキーが部屋を借りた79番通り角近くのレストランで知り合った。マイクは一〇ブロックほど離れたところに住んでいて、マンハッタン中の劇場を駆けずり回る仕事をしていた。

二人はロマンチックな——友人以上の——関係にあった。ジャッキーはマイクを、アントワーヌの店の全員に紹介した。マイクはジャッキーを、母親に会わせた。

フロリダから帰ったジャッキーは、言った。「マイク、操縦を習いたいの」

マイクが尋ねた。「なぜだい」

「いま女性は大勢飛んでいるわ。私にはとても良いことだと思うの。試験をパスしたい。あなた、助けてくださらない？」

「もちろん手を貸すよ」

しかしマイクは、ジャッキーは免許は取れないだろうと考えた。彼女の学校教育は、無いに等しい。字も書けない。

「書くほうは、どうする？」

「口答で試験を受けようと思うの」

二人は、よく会っていた。マイクにとってジャッキーは、最高の友人だった。ジャッキーは、自分中心の人間だった。マイクはジャッキーが、自分以外の男性に会っていることを知っていた。


一九三二年、ジャッキーは操縦免許を得て、最初の単独飛行でカナダまで飛んだ

ジャッキーは、住処を変えた。遠くグリニッチビレッジの西10番通りに、アパートを借りた。ジャッキーの脇には、「空を飛ぶための三レッスン」のような本や雑誌が転がっていた。そこには、かつてペンサコラの海軍飛行学校の人間が言っていたようなことが、載っていた。

ジャッキーとマイクは、将来の試験に備えて、それらを読んだ。

「ジャッキー、これは何か説明してみて」

「マイク、そこをもう一度読んでくださらない」

一九三二年夏、ジャッキーはロングアイランド島のルーズベルト飛行場で、飛行訓練を始めた。ジャッキーは、アントワーヌから六週間の休暇を得ていた。アントワーヌは、三年間で六週間まで、休暇を貯えることを認めていた。

ルーズベルト飛行学校は、二〇時間の教程に四九五ドルを要求した。また、それで免許が取れる保証はなかった。フロイドは、ジャッキーと賭けをした。フロイドは四九五ドルを、ジャッキーが免許を取れないほうに賭けた。

土曜日の朝、ジャッキーは早い電車で飛行場に来た。教官はジャッキーをフリート社製の練習機に乗せ、黙って離陸した。

太陽は高く上がっていた。ジャッキーは、なぜもっと早く飛ばなかったか、後悔した。飛行機を、自分のものにしていると感じた。すでに美容師というより、飛行家だと思った。

教官は、飛行場を一周しただけで着陸した。

「免許を取るのに、何時間飛ばなければならないの」

「二〇時間飛んで、それから試験を受けなければなりません。うまくいけば二、三ヵ月ですむでしょう」

「私は三週間で済まさなければならないんです。休暇をすべて、ここで使うつもりはないんです」

教官は笑った。

「それは難しいでしょうね」

「私は、そうは思いませんわ」

その日の午後から訓練を始めた。

翌日曜日、再び電車で飛行場に来た。七時に着いた。九時まで誰も来なかった。ジャッキーは、空を眺めて二時間を過ごした。すでにそこに、輝く未来を確信していた。

この日の午後、教官は曲技飛行で、ジャッキーを意図的に飛行機酔いにさせようとした。宙返り、スピン、急横転など、目が回るような飛行を連続して繰り返した。

遂にジャッキーは、後席から手を伸ばし、教官の肩を叩いて飛行場を指差した。彼はにんまりし、着陸した。

機外に出るとジャッキーは、教官を飛行場の小さなレストランに連れて行った。そこでジャッキーは、ホットドッグをサイダー一瓶で食べて見せた。

翌月曜日の午後三時、二人が機外に出たとき、教官は言った。「勝手にやっていいよ」。操縦席に座って二日後に、ジャッキーは単独飛行を許された。

空中では、くつろげた。だから最初の単独飛行でエンジンが停まっても、心配しなかった。ジャッキーはそれを、自分を試すために、教官が仕組んだと考えた。

無事着陸した。飛行場の人たち、特に教官は、仰天し、驚嘆した。一五年後、教官はワシントン・ポストの記者に、こう語った。「ジャッキーは、生まれながらの鳥人でした」

翌朝、ジャッキーが訓練に離陸しようとしたとき、一機がスピンしながら飛行場に墜落した。機体は大破し、操縦者は死亡した。この日ジャッキーの訓練は、事故の処理で遅れた。

翌日、教官の一人——後のノースイースト航空の社長——が、ノース・ビーチ飛行場（現在のラ・ガーディア空港）に急いで行く必要に迫られた。ジャッキーが、飛行機で連れて行くことを買って出た。ノース・ビーチでは、滑走路手前に一機墜落していて、人々が遺体を運び出していた。

二つの事故は、ジャッキーの飛ぼうという意志に影響を与えなかった。三週間後、ジャッキーは操縦免許を得た。

ジャッキーには休暇中にしたいことが、もう一つあった。モントリオールでスポーツ・パイロットの集まりがあり、アメリカの飛行士にも呼びかけがあった。ルーズベルト飛行場の誰もが、話題にしていた。飛行機が手に入れば、ジャッキーも行こうと考えていた。一人で。

ジャッキーは、空港で会った一人に話を持ちかけた。名前はグリーベンバーグ、通称はグレビー、空のジプシーのような人間だった。フェアチャイルド製の飛行機を持っていた。

「どのくらい飛んでいるんかね」

「二日前に免許を取りました」

「クロスカントリーの訓練も受けたの」

「いいえ」

「まさか、一人でカナダへ飛ぶつもりじゃないんだろうね」

「そのつもりです」

「馬鹿な、一緒に行ってあげるよ」

「いいえ、カナダには一人で飛びます。そうしたいんです」

「どうかしているよ」

グレビーは、しばし思案した。そして次のような条件付きで、連絡先の電話番号を教えた。

「もし、新品だったころの値段を現金で全額纏めて払ってくれるなら、話に乗るよ。二〇〇〇ドルだ」

機体は中古で、とても二〇〇〇ドルの価値はなかった。しかしジャッキーは、現金を用意した。彼女は機体を手に入れた。


ジャッキーは何枚か地図を買い、空港で古顔の一人をつかまえた。彼の指示は簡単だった。

「ハドソン川に沿って飛べば、シャンプレーン湖に着く。湖に沿って行けば町が見える。バーモント州バーリントンだ。着陸し、税関で出国手続きをする。そこでモントリオールにどう行くか、聞けばよい。そこから先は、そんなに遠くないよ」

ジャッキーは飛行について、何も知らなかった。何も知らないということさえ、知らなかった。航法、もちろん知らなかった。方位計《コンパス》、それをどう使うの?

エンジンをぶんぶんいわせ、ハドソン川を上《のぼ》った。空は快晴、視界は素晴らしかった。エンジンは快調、排気も安定していた。右手を操縦桿に乗せ、くつろいでハドソン川を見下ろした。これ以上の幸せを感じたことは、かつてなかった。

何かおかしい。川が狭まり、前方に山が。

旋回法は知っていた。機首を回《めぐ》らし、来た道を後戻りする。心に生じた不安を締め出す。先はまだ長い。

再びハドソン川を上る。シャンプレーン湖だ。右岸に沿って飛び、遂に町を、そして飛行場を見つけた。着陸した。

税関では、惨めだった。悪夢をみる思いをした。書類をみな自分で書かなければならなかった。字を綴ることとさえ困難なのに。しかし、遂にやり遂げた。

ジャッキーは、座席に座った。空港の人間に、大声で尋ねる。「モントリオールはどっち?」尋ねられた男は最初、からかわれていると思った。「知らないんですか」

「本当に知らないの。知ってれば、聞かないわよ」

「じゃあ、どうやってここに来たんですか」

ジャッキーは説明した。空港の男は驚く。方位計を示し、飛ぶべき方位を説明する。風も考慮し、飛行時間も推定した。しかし、ジャッキーが言う。「私、方位計の読み方を知らないの」

男はいよいよ驚く。ジャッキーを残し、歩き去った。少しすると税関の役人が、何人か連れてやって来た。税関の役人が言う。「方位計を見ていなさい」

彼らは飛行機を押し、一回りさせた。飛行機が動くと、方位計の指示も一周した。ジャッキーにとって、最初の航法入門講義だった。ジャッキーは、方位計の指示の意味を理解した。

誰かが腕を伸ばし、空の一角を指し示した。しかしジャッキーは、まだ心配だった。「方位計の指示を読み間違えて、道に迷ったらどうするの。私、真っ直ぐ飛べるとは思えない。何か目印はないの」

税関の役人は、忍耐が限界に達したらしい。「あのねえ、目標になるようなハイウェイや鉄道はないんだ。大ざっぱな方向で飛ぶしかないんだ」。しかし、次のようにつけ加えた。

「半分ほど行ったところで、大きなサイロ（飼料用の穀物・牧草を貯蔵する塔状建築物）が二つ見える。それが見えれば、コース上にいる。視界が今のままなら、その時点で、飛んでいる飛行機を探す。飛行機が飛んで行くところが、飛行場だ。迷ったり、サイロが見えなかったら、戻ってくる。ここでは誰かが、飛んでるだろう」

空に上って、方位計の動きに見惚れた。サイロが見えたので、理解を試すことにした。サイロの周囲を一回りし、方位計の指示が三六〇度変わることを確かめた。素晴らしい計器であることを理解した。

モントリオールは、容易に見つかった。難しかったのは、着陸後の雑談だった。誰も、ジャッキーの飛行時間を信じなかった。

ジャッキーはヒロインの一人だった。素晴らしい何日かを過ごした。そして飛ぶことは、もはや自分の体の一部になっていると確信した。

そしてこのモントリオールの地へ、なんと機体を売ったグレビーが現れた。グレビーは、ジャッキーと機体が無事なことに驚く。しかしさらに、「帰りは乗せてくれないか」と言う。ジャッキーは、自分が操縦することを条件に、承知した。

ほとんど突然に、壁のような靄の中に突っ込んだ。もはや、はったりは利かないと悟った。自分の知らない飛行の世界に入り始めたと感じた。

ジャッキーは、後席のグレビーを振り返った。グレビーは半狂乱で手を振り、下方を指差す。ジャッキーはスロットルを戻した。グレビーが叫《わめ》くのが聞こえた。「天気が悪くなる。どこかに降りないと、二人とも死ぬぞ」

霧の下にシラキュース市を見つけた。旋回し、滑走路が見え、着陸した。天候が回復するまで、二人はそこに二日間留まった。その間にジャッキーは、計器飛行《ブラインド・フライング》——計器だけを頼りに飛行する方法——の重要性を教えられた。

一九三三年、ジャッキーはオドラムと南カリフォルニアにランチを構えた

ジャッキーとフロイドは、会う頻度を増した。フロイドは、事業を求めて居所を変える。ジャッキーは、それを飛行機で追う。フェアチャイルド機はそのような飛行の途中、北部ニューヨーク州で不時着し、失った。

一九三三年、ジャッキーはシボレーで大陸を横断し、西海岸に移動した。そしてサン・ディエゴのライアン飛行学校に入学した。しかしさらに、個人教授で飛行を学びたいと思った。

友人のテッド・マーシャルが、相談に乗った。テッド・マーシャルは海軍士官で、当時サン・デ

ィエゴに停泊中の航空母艦ウェスト・バージニアに乗務していた。彼は提案した。「ジャキー、あなたが一機買えば、私と仲間が、海軍流の操縦を教えることができるよ」

ジャッキーは、中古のトラベル・エア製の機体を購入した。良い機体だったが、エンジン・バルブに欠陥があり、修復に六ヵ月を要した。その間、離陸しては壊れ、海岸や空き地に不時着を繰り返した。

ウェスト・バージニアは北上し、ロング・ビーチに碇泊した。そこで、テッドと仲間たちによる訓練が始まった。ジャッキーは、定点着陸、8の字飛行、各種の旋回、スピンなどを習う。

ジャッキーは、さらに数学者を雇い、ペンサコラで海軍飛行学生が履修する教程を学んだ。特定地点に到達するために、風を修正して方位を選ぶ方法など、習得した。

この年、ジャッキーは最終的には商業用操縦免許《コマーシャル・パイロット・ライセンス》を取得した。これより上のものは、運航用操縦免許《エアライン・パイロット・ライセンス》だけだった。

テッド・マーシャルの弟ジョージ・マーシャルが、ジャッキーを南カリフォルニアの彼の牧場に招待した。ジャッキーは、サン・ディエゴから飛んだ。そして南カリフォルニアの砂漠を一目見て、そこを住処《ホーム》にすることに決めた。

ジャッキー・コクラン（文献2）

訪問から数週間後、ジョージが売り地を電話で知らせてきた。場所はインディオ、ロサンゼルスから東南東へ約二〇〇キロ。即座に二〇エーカーを購入した。

ジャッキーは、丘の高いところに家を建てた。ジャッキー自身も働いた。パートタイムのレンガ工、大工、配管工のように。

居間のランプを、特に大きくした。ジャッキーは感慨にふける。かつて養家のランプは、油を入れた瓶にトウモロコシの茎を挿し、布を通して芯にしたものだった。

ニューヨークから、フロイドが訪ねてきた。ジャッキーの奮迅ぶりに微笑む。フロイドは、隣接する土地九〇〇エーカーを購入した。二人はそこに、一年半かけて城を築き、「コクラン・オドラム・ランチ」と名付けた。周囲にはグレープフルーツやタンジェリンオレンジ（北アフリカ原産の蜜柑）などが生い茂っていた。

春、花の香りは、二キロ上空にも達した。ジャッキーは目を閉じて、高く飛ぶ。花の香りがすれば、それは屋敷《ランチ》の上だった。

フロイドは、ここで親しい友人や常連の客と会うときは、カウボーイ・シャツで現れた。ウォール街の魔術師は、ここでもよく働いた。ただし、ニューヨークにいるときより、少しペースを落とした。

一九三三年、フロイドは四〇代に入ったところだった。このころフロイドは、関節炎を発症した。動き回るとき、籐製の杖を使い始めた。

フロイドは、ジャッキーを溺愛していた。ジャッキーのすべてを、出生までも、誇りにした。そして常に、あらゆる点でジャッキーを励ました。

ジャッキーは、フロイドと共に生活することを、誇りにした。しかし彼女は、ジャッキー自身であることを望んだ。誰も、ジャッキーをオドラム夫人とは呼ばなかった。

パーティーで二人は、常に、ミス・ジャクリーン・コクランとミスター・フロイド・オドラムだった。

一九三四年、ジャッキーはロンドン・オーストラリア・レースに挑戦した

ハワイに転任したテッド・マーシャルが、墜落事故で死亡した。ジャッキーには酷い衝撃だった。二人はチームを組んで、ロンドン・オーストラリア・レースに参加することを計画していた。

そのときジャッキーは、ニューヨークにいた。カリフォルニアでの葬儀に参加するため、北回りのコースを飛んだ。すでに四座席のウェーコ製機体を所有していた。シボレーとトラベル・エアを下取りに出し、三二〇〇ドルで購入したものだった。

しかし途中で航法を誤った。ソルトレーク市近くの農場に不時着し、灌漑用の溝を避けようとして、右翼を失った。

フォード車を借り、ソルトレーク市へ。整備士を連れて農場に戻り、損傷を調べさせ、新しい右翼の入手の手配を頼む。そしてエアラインの飛行機で葬儀へ。

帰路、再び農場に戻る。そこから、ニューヨークに向かって離陸する。

ジャッキーは、ロンドン・オーストラリア・レースを諦めなかった。レースは一年後の秋に行われる。賞金総額は七万五〇〇〇ドル、コースは一万八二〇〇キロ、砂漠、山脈、熱帯雨林を横切り、三四〇〇キロの洋上を飛ぶ。

一九三四年、ジャッキーは準備の手始めに、ニューヨークでエア・サーカスに加わった。ここで曲技飛行やスピンからの脱出法を習う。

次いでエアライン・パイロットのウェスレー・スミスを雇った。ウェスレーは以前は郵便飛行士で、最高の飛行士として評判高かった。彼から無線標識を縫って飛ぶ航法を学ぶ。

ウェスレーは完全主義者で、厳しくジャッキーを鍛えた。そして遂にニューメキシコ州中央に位置するアルバカーキからシカゴまで、計器のみで飛べるようになる。ウェスレーは言った。「このままたゆまず努力すれば、そのうち真っ直ぐ飛べるようになるかもしれないな」

ジャッキーはロンドン・オーストラリア・レースに同乗するパイロットを、ウェスレーに依頼した。しかしもう一人パイロットが必要と考え、それをロイヤル・レナードに依頼した。

ロイヤルもエアライン・パイロットで、天測航法（天体の測定で自機の位置を知る方法）に精通していた。経路の後半、洋上を飛ぶとき、それが必要とジャッキーは考えた。

機体はノースロップ社が、旅客機として設計した低翼単葉機ガンマを提供した。七月からジャッキーとウェスレーは、アルバカーキを基地に訓練を開始した。

ジャッキーはこのガンマ機で、一九三四年のベンディックス・レースにも出場するつもりだった。勝てば賞金が七〇〇〇ドル、これでオーストラリア・レースの出費や機体の移動費を補える。

しかしレースの二日前、ロサンゼルス工場でテスト中、ノースロップ・ガンマのエンジン・ターボ・スーパーチャージャー（過給器）が爆発した。ベンディックス・レースへの参加は不可能になった。

壊れたスーパーチャージャーは、実験用に開発された別のものに交換された。しかしこれも再び、工場でテスト中に爆発した。ロンドン・オーストラリア・レースに参加するには、機体をニューヨークから船積みで送らなければならない。ノースロップ社は、必要な作業を四八時間で行った。しかしプロペラやエンジン部分の重量が、二七〇キログラム増加した。

船積み四日前、ガンマは飛行可能になった。ジャッキーはロイヤル・レナードを副操縦士にして、ロサンゼルスを出発した。途中カンザス・シティでウェスレー・スミスを乗せ、副操縦士をロイヤルと交代させるつもりだった。これは三人でチームを組んで飛ぶ練習を兼ねていた。

離陸して高度四五〇〇メートルに上昇した。五時間ほど飛んだところで、エンジンが咳き込んだ。続いてピシッという音がし、風防がオイルで覆われた。夜間だったが、幸運にも緊急飛行場を発見した。二人はガンマをアリゾナに着陸させた。

ジャッキーはホテルを探し、電話で交換部品を手配した。彼女自身はエアラインの飛行機でニューヨークに向かった。まだ諦めていなかった。

ガンマはロイヤル一人の操縦で離陸した。そしてまたもエンジンが爆発した。今度は緊急飛行場は発見できなかった。ロイヤルは田舎道に不時着を試み、胴体を壊した。

ニューヨークでジャッキーは準備を続けていた。ガンマを解体し、船積みする人間の手配を終えた。そしてベッドに入ったところで、電話が鳴った。

疲れ切った声でロイヤルが言った。「諦めろ、ジャッキー」。ジャッキーは答えた。「いいえ、諦めないわ」

ジャッキーが最後の望みを託したのは、ジー・ビーQ.E.D.という機体だった。ジー・ビーはグランビル兄弟《ブラザース》の頭文字、またQ.E.D.はラテン語で「証明終わり」を意味する略語である。グランビル兄弟はマサチューセッツで、速度競技機の設計・製作を続けていた。

ジャッキーは当初、Q.E.D.で飛ぶことを考えていた。しかしノースロップ・ガンマと比較し、後者を選んだ。そのQ.E.D.はあるレーサーが、オーストラリア・レースに使うべく参加登録していた。しかしまだ、最終的な態度を決めかねていた。ジャッキーはその権利を譲り受け、Q.E.D.も購入した。

グランビル兄弟は喜んだ。協力を申し出、船積みした機体に整備士をつけた。ノースロップ・ガンマの装備品で有用なものは、Q.E.D.に移した。

この種のレースには、多くの人間の協力が必要である。彼らの協力を得て、経路の準備も進めた。例えば給油地に人を配した。自動給油器、照明弾、装備用の備品や器具なども発送した。

レースの出発点は、ロンドンの北一〇〇キロに位置する空軍基地だった。午前六時三〇分から、四五秒間隔で離陸した。ジャッキーとウェスレーは四番目に離陸した。

騒音がすさまじかった。会話は全く聞こえない。意思の疎通には、メモを書いて渡すことが必要だった。高度四三〇〇メートルを酸素マスクなしで、寒気に凍えながら飛んだ。

ウクライナとルーマニアの国境を越えた。カルパチア山脈の上空で、燃料タンクの切り換えを行った。するとエンジンが停止した。最初使った、ほとんど空のタンクに戻して飛行を続ける。

ウェスレーは落下傘脱出に備え、自分の風防の掛け金《ラッチ》を動かした。しかしジャッキーの風防のラッチは固着して動かなかった。下方の山々は雪に覆われていた。

二人はブカレストを目指して飛んだ。そのうちにジャッキーは、燃料タンクのスイッチの表示が逆であることに気づいた。二番目のタンクのスイッチをオフ位置に下げると、飛行が可能になった。

二人とも、寒さと騒音に参っていた。着陸しようとして、さらに重大なトラブルが発生した。フラップ（後縁下げ翼）が片方しか降りない。両方使わなければ、減速できない。片方だけでは、横のバランスが保てない。

ウェスレーがメモを渡す。「三度目の着陸で駄目なら、私の風防から脱出しよう」。しかしこのとき、ジャッキーの風防ラッチも動くようになった。

ジャッキーが操縦した。最初の進入時のジャッキーのメモ。「脱出したければ、しなさい。これは私の飛行機だから、私はなんとか降ろす」。ウェスレーのメモ。「君が出ないなら、私も出ない」

三度目の進入で、フラップは左右とも降りた。滑走路をぎりぎり余して、Q.E.D.は停止した。

整備士は、フラップの修理に要する時間を数時間と推測した。しかし競技用のQ．E．D．は大きすぎて、ルーマニアの滑走路から離陸できないことがわかった。

ジャッキーのオーストリア・レースは、ここで終わった。

一九三四年、シェル石油はドゥリットルの提案を入れ、一〇〇オクタン・ガソリンの製造を開始した

エア・レースを引退したシェル石油のドゥリットルは、何をしていたか。

長い競技生活で、ドゥリットルは、強力なエンジンには良い燃料が必要なことを理解していた。エンジンは、ピストンの圧縮比を高めるほど熱効率が良くなる。しかし圧縮比を高めると、ノッキングが起きやすくなる。

ノッキングは、ノック、デトネーション、爆燃ともいう。ピストン内で燃料が過早発火したり、異常爆発したりする現象である。これが起こるとシリンダーの中で金槌で叩く（ノックする）ような音がするので、この名がある。ノッキングはエンジンのパワーを減じ、エンジンの耐久性を弱める。

すでに一九二〇年代、エンジン製造会社は、圧縮比が高いほうが性能が上がることを承知していた。しかし良いガソリンがないので、高圧縮比のエンジンを作ろうとしなかった。一方燃料製造会社は、高圧縮比のエンジンがないので、ノッキングしにくい燃料を作ろうとしなかった。

ノッキングを抑えるには、燃料に四エチル鉛を加える。四エチル鉛は一九二二年に、アメリカの工業化学者トーマス・ミジリにより発見された。四エチル鉛はガソリンを改良したが、加えすぎると、点火プラグを汚すという問題があった。

ガソリンのノッキングしにくさ（アンチノック性）を表す指数を、オクタン価という。この値は、アンチノック剤四エチル鉛の加え方によって変化する。一九三〇年代のアメリカには、加鉛、無鉛一九種類の航空燃料が出回っていた。

オクタン価が最も低いのは陸軍の練習機用で、その値は六五だった。エアラインの多くは、オクタン価八七のガソリンを使用していた。特別な試験用の高性能ガソリンのオクタン価は、九五だった。

ちなみに現在、我が国の自動車用ガソリン・スタンドで売られているガソリンのオクタン価は、レギュラーが八九〜九一、プレミアム（いわゆるハイオク）が九八〜一〇二程度である。

ドゥリットルは、シェルがオクタン価一〇〇のガソリンを製造すべきと進言した。それはドゥリットルにとって、自らの前途《キャリア》を懸けた賭けだった。軍事省が、一〇〇オクタン・ガソリンを標準航空燃料に指定する可能性は、極めて低かった。

まずシェルの役員を説得することが必要だった。シェルは航空ガソリンの部門を持っていたが、ドル箱ではなかった。ドゥリットルは、危険を冒しても先行投資することの重要性を強調した。

ドゥリットルは社内を説得するのに、二つの強みを持っていた。一つは、「ドゥリットル」という知名度をもつ名前の、説得力だった。もう一つは、マサチューセッツ工科大学から博士の学位を得たという、実績だった。

ドゥリットルが一〇〇オクタン・ガソリンの提案を行った時期は、大恐慌と重なっていた。したがって研究や施設への高額の投資に、シェルは当然気乗り薄だった。ドゥリットルの主張は、「ドゥリットルの愚行《フォリー》」「ドゥリットルの一〇〇〇万ドルの誤り《ブランダー》」とよばれた。しかし最終的には、シェルの上層部は投資を決断した。

一九三四年、シェルは陸軍航空隊《アーミー・エア・コー》に、試験目的の一〇〇オクタン・ガソリンを四キロリットル、初めて納入した。そして一九三六年、陸軍は、「一九三八年一月一日以後、訓練機を除く全エンジンは一〇〇オクタン燃料を前提に設計する」ことを決定した。

一九三八年、陸軍航空隊は年間五万七〇〇〇キロリットルのガソリンを使用することになる。そして後年シェルは、一〇〇オクタン・ガソリンを一日当たり七万六〇〇〇キロリットル、軍に納入するようになる。

シェルは、ビジネスにおける大きな賭けを制した。その最大の功労者は、ジミー・ドゥリットルだった。


一九三五年、ジャッキーは化粧品会社を設立し、女経営者としても著名になった

ジャッキーはニューヨークの繁華街の、いくつかの美容院に投資した。日中はアントワーヌの店で働き、夜はそれらの店で、美容学校を出たばかりの美容師たちに教えた。

一九三四年、ジャッキーは美容ビジネスに乗り出した。石油会社から化学者を引き抜き、香水に詳しい人間を顧問に迎え、ニュージャージーに小さい製造所を作り、マンハッタンにオフィスを構えた。

一九三五年、彼女はジャクリーン・コクラン・コスメティックスを設立し、五番街にオフィスを移した。最も著名なヒット商品は「フローイング・ベルベット」で、彼女自身が作り出したモイスチャー・クリームだった。その他に化粧用クリーム、発汗抑制剤、頭髪染料などを扱った。製品は、使用者が自ら調合できるものが多かった。

その後直営店をシカゴ、シンシナティ、クリーブランドなどに設けた。ジャッキーの美容ビジネスは、片手間仕事ではなかった。後に彼女は、一九五三年と一九五四年の二度、アメリカの「ビジネスウーマン・オブ・ザ・イヤー」に選ばれる。

彼女は家事をこなし、飛行を続け、美容品店を経営し、砂漠の大邸宅の主で、その間にゴルフにも熱中した。それは他人が見れば、曲芸のような生活だった。

一九三五年、フロイドは夫人と離婚した。フロイドは前夫人に百貨店を一つ与え、彼女はその社長の地位についた。

一九三六年、フロイドとジャッキーは結婚した。二人はマンハッタンの東52番通りの、一二部屋のアパートに住んだ。入口のホールの壁には、ジャッキーが飛んだり所有した飛行機の絵が飾られた。部屋からは、イーストリバーの素晴らしい眺望が楽しめた。

フロイドもジャッキーも、結婚を公にすることを嫌った。そのためアリゾナ州キングマンの教会で、結婚式を挙げた。立ち会ったのはジョージ・マーシャル夫妻だけだった。ジョージはキングマンで、羊牧場を経営していた。ジャッキーに海軍流の操縦を教え、ジャッキーが共にオーストラリアに飛ぼうとしたテッド・マーシャルの弟である。

一九三五年、ジャッキーはアメリア・エアハートと出会い、親密になった

一九三五年冬、ジャッキーはニューヨークで親しい友人夫妻に招待され、アメリア・エアハートに紹介された。その夜、会って五分もしないうちに、二人は友人になった。

アメリアは、すでに一九三〇年、大手出版社の御曹司ジョージ・パットナムと結婚していた。彼女はこの年、ジョージを説得してロッキード・ベガを入手した。そして一九三二年五月二〇日、リンドバーグの五年後、そのベガで大西洋単独横断飛行に成功していた。

その後、二人で改めて昼食を摂ったとき、アメリアがジャッキーに言った。「一週間くらいしたら、西へ急ぎ旅をするの、一緒に行かない?」

二人は、ロッキード・エレクトラで飛んだ。パデュー大学がエアハートに提供していた双発の旅客機で、五万ドルもする豪華な機体だった。正副操縦士の他に、乗客十名を乗せることができた。ジャッキーが副操縦士を務めた。

旅は、急ぎ旅とはならなかった。天候に阻まれ、ミズリー州セント・ルイスで四日、テキサス州

アマリロで二日、足留めされた。この間に二人は、あらゆることを話し、互いを理解した。そのころインディオのコクラン・オドラム・ランチは、作業の最初の段階を終了したところだった。自然な成り行きでアメリアは、そこをしばしば訪れるようになった。

ランチには、来客用の離れ家——ゲストハウス——が点在していた。最初いくつか建て、その後、年とともに増加する。当時中心となる建物——母屋——に、寝室は一つしかなかった。したがって、客はゲストハウスに泊まった。

しかしアメリアは、ランチでは自らを客と思わなかった。ジャッキーが不在のとき、アメリアは母屋の寝室で寝た。アメリアは、ジャッキーがそれを許す唯一人の人間だった。

コクラン・オドラム・ランチのアメリア・エアハートとジャッキー（文献2）

アメリアとジャッキーは、気が合った。アメリアの夫ジョージ・パットナムとジャッキーの夫フロイドも、うまく折り合った。しかしジョージとジャッキーは、絶対と言っていいほど気が合わなかった。

ジョージはジャッキーに、常にお高くとまった。ジャッキーはそれに、常に反発した。

「かわいこちゃん、一体何を狙って飛んでるの？」

「奥さんの影を、薄くするためよ」

アメリアはジャッキーより、推定九歳年上である。飛行ではアメリアが先輩格で、ジャッキーは新参者だった。世間は、二人をライバル同士と見ていた。実際は、必ずしもそうではなかった。アメリアは長距離飛行を、ジャッキーは高速飛行を、それぞれ自分の専門領域と考えていた。

パイロットは多かれ少なかれ、第六感を頼りに飛ぶ。ジャッキーは、自分の第六感に自信を持っていた。

例えばフロイドが、手を背の後ろに回して指を立て、何本指が立っているか、ジャッキーに当てさせる。ジャッキーはそれを、高い確度で当てることができた。

アメリア・エアハートが初めてランチに泊まった夜、ロサンゼルスからソルト・レーク・シティに向かう旅客機が消息を絶った。その墜落地点を、ジャッキーが予言した。二人はロサンゼルスの飛行仲間と電話で話し、ジャッキーが遠視した目印——山頂、道路近く、送電線、多数の電柱——から、ソルト・レーク・シティ近くの山を特定した。

翌朝、アメリアはロサンゼルスから自機で飛び立ち、雪に覆われた山を三日間捜索した。機体は発見できなかった。しかし春、雪が解けた後、予測した場所から五キロほどの所で、遭難機が発見された。

その後、同じようなことがもう一度起きた。アメリアが電話してきて、ジャッキーが墜落地点を、結果的にほぼ正確に予言した。

ジャッキーは、自分は遠視の超能力を持つと考えていた。

一九三五年、ドゥリットルは一二時間以内無着陸アメリカ大陸横断に成功した

一九三四年、アメリカン航空の要望で、乗客八人乗りの単発旅客機バルティーV－1Aが開発された。アメリカン航空はドゥリットルに、バーバンクからニューヨークのフロイド・ベネット空港へ、飛行時間の新記録を作ることを依頼した。

この飛行の目的は、エディー・リッケンバッカー大尉（第一次世界大戦のエース）が一九三四年一二月にイースタン航空のDC－2で作った記録、一二時間三分を破ることだった。

記録飛行は、一九三五年一月一四日に行われた。リッケンバッカーも、この時期を選んで飛んだ。それは、高空の偏西風を利用するためだった。

離陸は夕刻、出発の日時は、カリフォルニア工科大学の気象学者、アービング・クリックの予言に基づくものだった。彼は言った。「当日の夜は、カリフォルニアは本曇り《オーバーキャスト》、しかし雲の上に出ると、快晴の追い風はニューヨークまで続く」

バルティーは、無線の送受信機と酸素装置を搭載していた。酸素は高度四六〇〇メートルを飛ぶための用意だった。妻のジョーとシェルの宣伝係が同乗した。

自信過剰の気象学者クリックは、「一ヵ月先んじて天候を正確に予知できる」と主張した。しかしドゥリットルは、雲を抜けられなかった。やむを得ず計器飛行で、ニューヨークへ直航するコー

スを飛んだ。アリゾナ上空で完全な晴天になるはずが、むしろ雲は濃くなった。

バルティーの機体表面に氷結が始まった。速度が落ち、三度ほど失速しかけた。氷結で無線も使用できなくなった。暖かい空気を求め、コースを大きく南へ逸らせた。すると氷は溶けた。しかし雲を抜けられず、高度五〇〇〇メートルへ上昇した。今度はジョーと宣伝係が、酸素不足で意識を失った。ドゥリットルは再び雲中に戻る。

あとは、方位計《コンパス》を頼りに、夜の雲中を飛んだ。夜が明け、昼の雲中を飛ぶ。突然雲が切れ、見覚えのある地形が見えた。

リッチモンド（バージニア州）近くにいることがわかった。そこは一九二一年に、〝ビリー〟・ミッチェル将軍の対艦爆撃実験で滞在したラングリー飛行場（チェサピーク湾の出口）とリッチモンドの間だった。

目標のニューヨークは、北東へ約四〇〇キロの距離にあった。空は晴れ、まだ記録更新の可能性があった。結局、フロイド・ベネット飛行場まで一一時間五九分で飛んだ。記録は、わずか四分だが、更新した。

クリックの予報について、ドゥリットルは新聞記者に話さなかった。数ヵ月後二人が再会したとき、クリックは言った。「君が最初のコースにとどまっていれば、私の予報が一〇〇パーセント正しいことがわかったはずだ」。二人は後に第二次世界大戦時、イギリスで再会する。

かくしてドゥリットルは、「二四時間以内、一二時間以内アメリカ大陸横断」だけでなく、「一二時間以内無着陸アメリカ大陸横断」も最初に行った人間になった。

一九三五年、パンチョは破産寸前になり、モハーベ砂漠の緑の農場に夢を賭けた

一九三〇年代に入って、大恐慌は次第に深刻さを増した。パンチョも、その影響を逃れられなかった。

彼女は、遺産をほとんど一〇年間、使い続けていた。遺産のほとんどは、不動産だった。それは所得を生まない。家や邸は、維持するのに膨大な費用を要した。また抵当に入っていて、支払いの続いている土地もあった。

不況下の石油会社は、飛行のスポンサーを降りた。レースの資金援助からも手を引いた。重要人物を運ぶ仕事もなくなり、ハリウッドの労賃もがた落ちした。パンチョは、高価なサラブレッドさえ、安く手放す羽目になった。

それでもパンチョは、浪費を止めなかった。一九三二年、一ヵ月で三〇〇〇ドルも使った。それは不況下の労働者の年収の、ほぼ三倍の額だった。それはサン・マリノの邸、ラグーナ・ビーチの家、自動車、飛行機を維持し、召使いやその他の使用人に支払うのに必要だった。

サン・マリノ邸でのパーティーは、いまやあり合わせの料理で行うようになった。海老《えび》が雪状の氷の上に供されることは、なくなった。しかし客の誰もが、相変わらずパンチョの酒をがぶ飲みした。

庭師は解雇した。サン・マリノの邸もラグーナ・ビーチの家も、屋敷の手入れはされなくなった。

長年馬小屋の責任者だった男も、解雇された。高価な馬は、売ろうとしたが、ほとんど売れなかった。

パンチョは遂に、最も誇りにしていた持ち物、トラベル・エア・ミステリーシップさえ、維持することができなくなった。

彼女は最初ミステリーシップを、映画製作者ハワード・ヒューズのボーイングP－12（複葉の軍用機）と交換しようとした。しかし、ヒューズは応じなかった。パンチョは泣く泣く、真紅の機体を手放した。

一九三〇年代半ばまでに、パンチョはある程度、出費を切りつめるようになった。しかしまだ、生活の基本は変わらなかった。贅沢に生活し、考えずに購入し、友人たちを過度にもてなした。

一九三五年、パンチョは破産寸前だった。彼女は資産を担保に、別の資産を購入する借金《ローン》を組んでいた。そして、それに支払う現金がなくなった。

ラグーナ・ビーチの家は、五万ドルの担保に入っていた。パンチョはその返済ができなかった。

パサデナに持つ何ヵ所かの土地を売ったが、三〇〇〇ドルにしかならなかった。オレンジ郡（ロサンゼルス南西端）の土地を一万六〇〇〇ドルの抵当に入れ、支払いを三年間延期してもらった。しかし結局、債務は履行できず、大洋を見下ろす家を失った。

サン・マリノの邸も、運用する資金がなかった。もはやパンチョは、かつての生活様式を維持できなかった。パンチョは、難局を打開する何かを始めなければならなかった。

飛行に関しては、パンチョは財務以上の危機感を持っていた。パンチョは、重要なレースで優勝していなかった。速度記録は、すでに過去のものだった。男性の曲技飛行士は、彼女以上の技術を持っていた。

アメリア・エアハートは、長距離飛行の第一人者になっていた。ルイーズ・セイデンは、可愛く人気があって、レースで勝ち続けていた。パンチョは、容姿に恵まれず、強力な後ろ盾もなかった。パンチョがここまで来たのは、飛ぶことへの情熱と、金の力の結果だった。その金が、いまや無かった。

パンチョはかつて飛んだあの緑の農場を、モハーベ砂漠のアルファルファの繁る緑の農場を、思い浮かべた。その後あの上を、何度も飛んだ。砂漠は、飛ぶには素晴らしい場所だった。そして砂漠は、あるいは生きる場所として、適しているかもしれなかった。少なくとも、土地は安価なはずだった。それだけではない。因習から解放され、本来の自分を発揮できる場所かもしれなかった。

一九三五年、パンチョは三四歳だった。パンチョは、夢を持ち続けていた。それは父方の祖父サディアス・ローから受け継いだものだった。

彼女は、砂漠に夢を賭けた。

パンチョが上空から見た緑の農場は、ベン・ハンナムの所有だった。彼の八〇エーカー（約六〇〇メートル四方）の土地は、上空から見た方が見栄えがした。恐慌の影響は農業にも及び、ハンナムも苦しい生活を強いられていた。

アルファルファは、肩の高さにまで成長する。年に七〜八回伐採でき、恐慌前ならトン当たり二五〜三〇ドルで売れた。しかしいまや、価格は三分の一になっていた。しかも最近、グレアム一家が、ハンナムの隣の土地を買った。豊富だった水も、二つの農場を灌漑するには不十分に思えた。

パンチョは、こういう事情を知らなかった。しかし、そんなことはどうでもよかった。パンチョにとって重要なのは、ハンナム農場の東に、広大な乾湖《ドライ・レーク》が広がっていることだった。そこは、飛行のための別天地だった。

太陽の熱が粘土を砕き、地面に割れ目を作る。そこへ冬、降雨で一〇センチほどの深さに水が溜まる。それを風が吹き飛ばす。沈泥の割れ目は埋まる。水が蒸発すると、再び太陽が粘土を砕く。この繰り返しで、湖床は鏡面のように平らに固まる。そしてコンクリートのように固い。乾湖は天然の、巨大な飛行場だった。

パンチョは、まだロサンゼルス市内に、貸室《アパートメント》ビルをひとつ所有していた。一九三五年二月、パンチョはこのビルを、八〇エーカーの農場と交換した。ベンとキャサリンのハンナム夫妻にとっては、天にも昇る心地の取引だった。

サン・マリノの邸は、手放さなかった。恐慌の最中で、この種の不動産の需要はなかった。パンチョはこの邸を夏の間、航空会社の所有者に賃貸しした。

パンチョは、砂漠に向かった。馬と犬と、冷蔵庫二台が一緒だった。

息子ビリーも、同行した。ニュージャージーの全寮制学校に入ったビリーは、十代の少年になっていた。パンチョと夫ランキンは、ビリーが砂漠に住むことで同意した。パンチョには、手助けが必要だった。

パンチョには、もう一人手助けがいた。新しい愛人グラニー・ナースだった。ローガン・〝グラニー〟・ナースは、ミズーリ州の農場経営者の息子だった。パイロットで、飛行機を設計、製作したこともあり、雇われてパンチョの機体の整備をしていた。

二人は一九三四年春に、バーバンクのロッキードの格納庫で知り合った。その日のうちに、パンチョはグラニーを、自宅のベッドに誘った。

グラニーは、パンチョの信頼が厚かった。パンチョが長距離飛行で家を空けるとき、グラニーは車（リンカーン）と家の鍵を託された。

ほどなくグラニーも、パンチョを追って砂漠に現れた。

一九三六年、パンチョがミューロックに購入した砂漠の農場は、滑走路を持ち、経営も何とか軌道に乗った

パンチョが購入したハンナムの家は、二車線の道路から入って、車輪跡のついた泥道の奥に建っていた。四部屋からなる掘っ立て小屋で、脇に干し草を入れる納屋があった。土地は、アルファルファの生えていないところは、黄色がかった焦茶色《こげちゃ》だった。

最も近い町でも、二五キロ以上離れていた。それも、町というようなものではなかった。最も近

い人の住む所は、ミューロックと呼ばれる入植地だった。ハンナムの家は、ミューロックの南三キロほどに位置した。

ミューロックとは？

一九〇〇年代初頭、銀と金の採掘会社が、ドライ・レークの一つに野営地を作り、社名にちなんで、ロドリゲス・ドライ・レークと呼んだ。一九一〇年、ロドリゲス・ドライ・レークの端に、一団の人々が住みついた。

彼らは土地の名前を、リーダーの名を取ってコラム（Corum）とした。しかし郵政当局の反対で（カリフォルニアにはCorumという郡区があった）綴りを逆にした。すなわちミューロック（Muroc）に改めた。

ロドリゲス・ドライ・レークは、現在のロジャーズ・ドライ・レークである。面積約一七〇平方キロ、世界最大のドライ・レークで、地図上では数字の8の字のような形をしている。ミューロックは、8の上のほうの0の、西の端、少し南寄りに位置する。

パンチョ一家が到着した一九三五年、ミューロックはやまよもぎ（ネバダの州花）とジョシュアツリー（砂漠に育成する糸蘭《いとらん》の類）が点在するだけの、荒涼とした土地だった。密造酒製造地として知られ、「この世の果て《エンド・オブ・ジ・ユニバース》」とよばれた。郵便局が一つ、ガソリンスタンド、雑貨屋、軽食堂が各一店ずつ、そして鉄道作業員用の掘っ立て小屋があった。

ミューロックの東側には、陸軍空軍の野営地があった。はためく星条旗の下、大小一〇余りのテントが並び、二〇人ほどの兵隊が駐在していた。ここは彼らには、陸軍空軍の「国外地域《フォーリン・リジョン》」だった。

陸軍航空隊（一九二六年に航空部が昇格）は一九三三年、陸軍中佐ヘンリー・〝ハップ〟・アーノルドの進言を入れ、ロジャーズ・ドライ・レークに爆撃と射撃の訓練場を作った。当時アーノルドは、カリフォルニア州リバーサイド（ロザンゼルスの東八〇キロ）のマーチ飛行場で、飛行大隊を指揮していた。

ミューロックの野営地は、ここに飛来し離着陸する飛行機を支援するためのものだった。兵隊は公式には、ミューロック射撃管理派遣隊《レンジ・メンテナンス・デタッチメント》とよばれた。野営地には、電気も水道もなかった。

パンチョが最初にしたのは、農場に滑走路を作ることだった。荷馬車馬を二頭買い入れて地均《じなら》し機に繫ぎ、長さ一二〇メートル、幅一五メートルの土地を平らにした。これでパイロットの友人や、ハリウッドの飛行機仲間が、飛んで来られるようになった。

彼らはすぐやってきた。なにしろ、車で他人の家を訪れる感覚で、飛行機を使う人間たちである。飛んできてはパンチョの馬を駆り、野兎を狩り、バーベキューを楽しみ、居間の長いすで、あるいは納屋で、寝た。

パンチョとグラニーは、丸太小屋をいくつか建て、客が増えたときに備えた。二人はこれをゲストハウスと称した。

次いでパンチョは、馬をベイラー（アルファルファを刈って梱包する機械）に繫ぎ、文字通り農夫のように働いた。しかしすぐ三人の使用人を雇い、その仕事を替わらせた。

パンチョは農場を、「ランチョ・オーロ・ベルデ」と名付けた。アルファルファの「緑に輝く農場」といった意味である。ランチョは農場、オーロは金、ベルデは緑色を意味する。

しかし、アルファルファで生計を立てることは、できなかった。パンチョは、入植者のような慎ましい生活をしていない。飛行機を持ち、リンカーンやキャデラックの愛好者である。最初の二年間は、苦しい生活を強いられた。

息子ビリーは、最初カルチャー・ショックを受けた。しかし次第に砂漠の生活に馴れた。近くに住む入植者の台所でクッキーを食べ、夕食までに帰宅しない。そんなことも、できるようになった。パンチョも、ビリーに注意を向けるようになった。ときには宿題を手伝い、ときには息子のフットボールの試合を見に行った。一方で息子を甘やかし、高価な馬を買い与えるようなこともした。

ビリーは毎朝この馬に跨り、農場からスクール・バスの停留所まで、全速で駆けた。バス停で馬を放すと、雇われた人間が馬を戻した。

バス内の子供たちにとって馬は、それまで見たこともない美しい馬だった。しかし彼らが最も驚いたのは、ビリーは手綱を放すと、馬のことなど全く気にしなくなることだった。

砂漠に来た一九三五年、パンチョは新たに若い使用人、トニー・キングを雇った。パンチョはトニーを、ランカスター（ミューロックの南西三〇キロの町）で見つけた。その日「アルファルファの日」のパレードがあり、二人とも馬に乗っていた。

トニーは、息子のビリーより僅かに年上の少年だった。しかし馬の御し方を一目見て、パンチョはトニーの技量を見抜いた。翌朝少年は、四〇キロの道を馬に乗り、ランチョ・オーロ・ベルデにやってきた。

トニーは子供のとき母を失い、中学校のとき父をロデオの事故で失った。しかしすでに自立して生計を立てる才覚を持っていた。パンチョは一四歳のトニーを、家畜の世話をする責任者に据えた。

パンチョは荷馬車馬二頭と乗用馬四頭を所有していた。そしてたまたま牛を飼い始め、搾乳ビジネスを始めたところだった。トニーは、牛にも詳しかった。パンチョはトニーの助言を入れ、ホルスタイン牛六〇頭を購入した。資金は農場を担保にして得た。

搾乳場も、人手を雇って建てた。資金はすでに購入した牛を担保にして得た。牛乳の質を上げるため、これもトニーの助言を入れて、ガンジー種乳牛一〇頭も購入した。農場のアルファルファだけでは飼料が足りなくなり、西にある乾湖ロザモンド・ドライ・レークの向こう側の農場から購入するようになった。

一九三〇年代後半にかけて、ランチョ・オーロ・ベルデの経営はまずまずだった。パンチョは牛乳をミューロック小学校、陸軍空軍部隊、そして八〇キロ北の町チャイナ・レークの海軍基地に売った。

さらにパンチョは、豚を飼育してポークを売り始めた。ミューロックやチャイナ・レークの部隊は、肉を必要としていた。パンチョはパンプシャー種——英国種の黒豚——一二頭から始め、ほどなく三〇〇頭に達した。

次にパンチョが始めたのは、生ゴミ処理のビジネスだった。パンチョはミューロックやチャイナ・レークで、台所の廃物を回収する契約を結んだ。農場でそれを、トニーや使用人が処理し、豚の餌にした。

トニー・キングは献身的に働いた。翌一九三六年、一五歳のトニーは農場の親方の地位に就いた。グラニー・ナースは一九三六年、ミズーリ州に家族を訪ねた。そしてカンザス州に居つき、一年ほど働いた。戻ってきたグラニーは、結婚したい女性がいることを告げ、去った。

パンチョは、ビジネスに励んだ。その間に、サン・マリノの邸を五五〇〇ドルで手放した。一方農場は、月に七〇〇ドルの利益を生むようになっていた。

一九三七年、アメリア・エアハートは洋上で行方を絶った

一九三七年、アメリア・エアハートは世界一周飛行に挑んだ。

アメリアとジャッキーは、コクラン・オドラム・ランチで計画について、何度も議論した。機体は最新のロッキード・エレクトラ10で、ジャッキーもフロイドも財政的支援に加わった。

六月、アメリアは航法士フレッド・ヌーナンとともに、カリフォルニア州オークランドを飛び立った。経路は東回りで、南米、アフリカ、インドを経由し、六月三〇日にニューギニア島北東部のラエに着陸した。

次の目的地は、赤道直下のハウランド島だった。しかし、エレクトラは島には到着しなかった。

最後の送信は、「旋回中、島が見えない、燃料が少ない」だった。

エアハート行方不明のニュースが流れたとき、ジャッキーはロサンゼルスにいた。ジョージ・パットナムはすぐやって来て、「何かできることはないか」尋ねた。パットナムは取り乱していた。ジャッキーは、遠視で「見えた」状況を話し、メモにして渡した。

「アメリア、燃料切れ、ハウランド島の北西の海に着水、島から遠くない。航空機は浮いている。アメリアは無傷、ヌーナンは意識不明」

ルーズベルト大統領は、大規模な捜索を指示した。しかし、機体は発見されなかった。

この事故以後、ジャッキーは自分の超能力について、人に話さないようになった。

一九三八年、ジャッキーはベンディックス・レースで優勝した

アメリア・エアハートが世界一周飛行に挑んでいたころ、ジャッキーはベンディックス・レース――バーバンクからクリーブランドへアメリカを横断する速度レース――に挑んでいた。実際三〇年代、ジャッキーは四度エントリーした。

最初は一九三四年、すでに述べたがノースロップ・ガンマの過給器が爆発し、飛行するところまで行かなかった。

次は一九三五年、ノースロップ・ガンマで離陸したが、二時間後グランドキャニオン上空でエンジンが不調になり、アリゾナ州キングマン空港に着陸した。

三度目は一九三七年、ビーチクラフトD17Wで飛行を完遂、平均時速三一三・三キロで三位に入った。

その一九三七年、ジャッキーはアレグザンダー・セバースキー製の戦闘機P－35で、ニューヨーク・マイアミ間の女性速度世界記録を樹立した。セバースキーは元ロシアの戦闘機乗りで、アメリカで飛行機の設計を始めていた。

当時米国陸軍は、P－35を八〇機発注した。しかし一七機が事故を起こし、陸軍はそれ以上の発注をキャンセルしようとしていた。セバースキーは状況を打開するため、ジャッキーにP－35の飛行を打診した。ジャッキーは前述の速度記録を樹立し、期待に応えた。

このような経緯を経て、一九三八年を迎えた。ジャッキーは更なる期待を担って、ベンディックス・レースにP－35で四度目の参加を行った。

一九三八年九月一日、午前三時、ジャッキーは三番目に離陸した。浮上するや、脚を引き込む。四つのコースを用意していた。第一のコースは最も南よりにカンザスシティ近くを通るもので、距離は長かったが、空港や無線標識がたくさんあった。第二のコースはその一六〇キロ北を飛び、サンタフェ、ニューメキシコを通るもので、緊急着陸用に一、二の乾湖が利用できた。

第三のコースは大圏コースを飛ぶもので、距離は最短だが、高く聳える山脈が控えていた。緊急事態が起きても、六〇〇キロ以上を飛び続けなければならなかった。第四のコースは、ユタ州ソルト・レーク・シティー、ワイオミング州シャイアン近くを通るもので、南部で暴風雨が発生したり、北部で強い追い風が利用できる場合に備えたものだった。

離陸寸前まで、気象情報をチェックした。そして第二のコースを選んだ。結果的には、第一ルートを飛んだ方がよかった。一時間ほど、地上は全く見えなかった。

離陸してすぐ、燃料供給を胴体タンクから、主翼タンクに切り換えた。まず主翼搭載の燃料を使用し、重心位置を早く正常範囲に戻したかった。

高度四九〇〇メートルで飛んだ。その高度を、スロットルを全開位置から少し絞って飛べば、クリーブランドに燃料七五リットルを残して着くはずだった。

前方に嵐があった。メキシコ湾からの南風で、暴風域は北に行くほど上空に広がる。高度を下げて、暴風域のほとんどをかわした。後に知ることだが、正規のエアラインはジャッキーの離陸後、運航を中止していた。

酸素を吸って飛行した。酸素タンクからチューブが延び、その先にパイプの柄がついている。それを歯の間に保持して飛ぶ。

アリゾナ上空で、濃霧に遭遇した。一ヵ所霧の穴があり、知っている山の頂が見えた。まだ経路上にいた。間もなく、視界は閉ざされた。

無線の受信状態が悪かった。アルバカーキ近く、何度もよびかけた。「爆音が聞こえるか」。無線の調整を続けたが、回復しなかった。

視界を得ようと、ゆっくり上昇した。高度約七五〇〇メートル、しかしまだ霧の中だった。そして風防に氷が凝結し始めた。外は全く見えなくなった。少し降下する。

計器飛行が数時間続くと、疲労が急速に増す。機外は見えない。姿勢を保ち、高度を維持し、エンジンを見張る。そのために目は、すべての計器を――計器だけを――見回し続ける。

更なる困難が襲った。右翼が重くなった。給油管は、左右タンクから燃料を同時に、エンジンに流すようになっていた。しかし右翼から燃料が流れていないらしい。

エンジンが停止した。高度は七〇〇〇メートルだった。風防はまだ氷で覆われている。腕力のすべてを奮って、操縦桿を保持する。なんとか飛行を継続しようとする。

胴体タンクに切り換えようとした。そのスイッチに手を伸ばそうとした。前傾し、背筋を伸ばしたとき、機体は大きく傾いた。片翼を下に、ほとんど翼を垂直に立てた。螺旋降下《スピン》に入った。

ジャッキーは機を浅い急降下に入れた。次いで軽い方の左翼が右翼より下になるよう保った。こうして右翼の燃料を少し左翼に移し、エンジンを作動させた。

以後この操作を繰り返し、主翼タンクを空にした。風防は相変わらず結氷に覆われ、機外は見えなかった。それは容易な飛行ではなかった。

後にこの機体の右翼タンク燃料流出孔付近で、包装紙の固まりが発見された。故意の妨害行為の可能性もあったが、翼の内側を覆っていた紙を、製造時剝がし忘れた可能性のほうが強かった。

ウィチタの無線標識は、故障していたらしい。全く受信できなかった。しかしジャッキーは、ウィチタを通過したことは確信できた。

寒かった。氷結した氷を取り除くため、高度を下げた。それでも非常に寒かった。足は氷の塊のようだった。魔法瓶のコーヒーに手を伸ばした。しかしふたは（気圧が低いため）飛んでいて、コーヒーは冷え切っていた。喉を潤すためドロップを舐めた。そして酸素を吸い続けた。

最初に見えた地表はミシシッピ川で、セントルイス近くだった。知っている突堤を識別できた。予定経路の八キロ以内にいることを知った。

ゆっくりと下降を始めた。次に識別できたのはオハイオ州セント・メアリーズ湖だった。ジャッキーは予定経路の八キロほど北を飛んでいた。

それを修正したつもりだった。しかしクリーブランドが見えたとき、まだコースの八キロ北を飛んでいた。速度が速すぎて、空港を通り過ぎた。逆方向から着陸した。

観衆は歓呼していた。スタンディング・オベーションが始まった。しかし、勝ったのだろうか。後から離陸して、速く飛ぶ者がいるかもしれない。

審判員が車で滑走路の端まで来た。そしてジャッキーを正面特別観覧席へ運んだ。ジャッキーは観衆を待たせ、髪をとかし、化粧を直し、身繕いした。そしてまずフロイドと話した。

着陸したとき、燃料は三分間飛べる量が残っていた。四〇分後、給油を終えた機体で、ニューヨークへ向かって離陸した。この行程は飛びたい者が飛ぶ。

ジャッキーはベンディックス・レースで優勝した。賞金は七〇〇〇ドル、クリーブランドまで八時間一一分、平均速度時速四〇二キロで飛んだ。

ニューヨーク（厳密にはニュージャージー・ベンディックス空港）までは一〇時間二八分で飛んだ。こちらは西海岸から東海岸への飛行の女性世界記録だった。彼女の速度志向は後に、女性初の音速突破を果たすことで結実する。

ジャッキーが飛んだP－35は、改良を繰り返した最新のものだった。レース二日前にロングアイランドの工場から、セバースキーが自らの操縦で運んできた。

ジャッキー自身も、P－35の改良や改修に深くかかわった。そして一九四〇年四月、ジャッキーはP－35で、二〇〇〇キロメートル・コースの速度世界記録、時速五三〇・七キロを樹立する。

セバースキーは後に、リパブリック・エアクラフト社を設立する。第二次世界大戦で活躍する戦闘機リパブリックP－47サンダーボルトは、P－35の発展型である。ジャッキーはサンダーボルト開発の立役者の一人だった。

一九三九年、土地を買い漁ったパンチョは、祖母の遺産に助けられた

パンチョは、土地を買い始めた。一九三七年、農場の西隣の土地一二〇エーカーを購入した。その後も購入は続き、ランチョ・オーロ・ベルデは三六〇エーカーに発展する。

四部屋だった住まいに、大きな食堂が加わった。ハリウッドから飛んでくる友人たちのために、スイミング・プールが作られた。それは隣人たちにとっては、想像できない浪費であり、贅沢だった。

地域の人たちは、パンチョを大金持ちの子孫だとか、両親がどこかにいて送金しているなどと噂した。しかし隣人たちは、概ね彼女に好意的だった。彼女も、隣人たちに寛大だった。隣の土地に住むグレアム一家とは、仲が悪かった。それは、よくある農場間の争いだった。パンチョの犬がグレアムの土地に入ると、グレアムはショット・ガンで追い払った。グレアムの牛がパンチョの農場に迷い込むと、彼女はシカ玉（狩猟用の大粒散弾）を撃った。

とにかくパンチョは人目を引いた。ミューロックでは、葉巻をくわえて雑貨店に入った。ランカスターでは大通りを、継ぎだらけの青のオーバーオール、素足にサンダルといういでたちで歩いた。彼女のキャデラックは、使い古したピックアップ・トラックばかりの町では、目立った。パンチョがガソリン・スタンドで給油すると、店主はそのときの話を一週間も、客に伝えた。「あの後ろの豪華な座席にはな、半ダースもの犬が乗っているんだ」

パンチョは砂漠の伝説となりつつあった。

一九三九年、パンチョはかなりの額の現金を手に入れた。ことは四年前に遡る。一九三五年、パンチョの母方の祖母、キャロライン・ダビンズが九四歳で死去した。当時彼女は、パンチョを含む八人の孫たちを怒らせた。

理由はキャロラインが、遺言で、息子のホーラスを責任者にした信託財産を設定したことだった。その基本財産は五〇〇万ドルを超えるもので、遺言は得られる収益はすべてホーラスに属し、ホーラスの死後は、カリフォルニア工科大学に寄贈されるものとした。孫たちには、一人当たり二〇〇〇ドルが残されただけだった。

パンチョと二人の孫が、裁判に訴えた。そしてこの一九三九年、四年の年月を経て、裁判は以下のように決着した。

すなわち、カリフォルニア工科大学は七万五〇〇〇ドルを、ホーラスは三万ドルと不動産を、二人の孫は別の相当の不動産を得る。そして残りは、六人の孫たちに等分される。

パンチョは、約一万ドルの現金と、三万五〇〇〇ドル相当の株券、債権を得た。当時の四万五〇〇〇ドルはかなりの額で、借金のあるパンチョに大いなる助けになった。

さらにそれは、翌年春の、飛行場拡充の資金源となった。

第4章　戦争の嵐

一九三九年、第二次世界大戦が勃発し、ドゥリットルは軍務に復帰した

一九三九年九月一日、第二次世界大戦が勃発した。この日早暁、ドイツの機甲師団と空軍がポーランドに突入した。この戦闘は約二週間で終わる。ドイツは二八日、九月中旬に侵攻したソ連と、ポーランド分割協定を結んだ。

九月三日、イギリス、オーストラリア、ニュージーランド、フランスがドイツに対し宣戦布告した。アメリカはヨーロッパ戦には不介入中立宣言をするが、次第にイギリス、フランス支援の姿勢をとった。

一九四〇年五月、ドイツ軍はオランダ、ベルギーを占領、さらにフランス前線（マジノ線）を突破した。アメリカではフランクリン・ルーズベルト大統領が議会で演説し、ゆくゆくは「年間少なくとも五万機」の航空機を製造することを要求した（当時の製造機数は年間二〇〇〇機）。

一九四〇年六月四日、ハップ・アーノルド少将が隊長を務める陸軍航空隊の副隊長アイラ・イーカー大佐から、ドゥリットルに手紙が届く。手紙はインディアナポリスのアリソン・エンジン工場に、航空隊代表として軍務に復帰することを打診していた。ドゥリットルは直ちにこれを受ける。

ドイツ軍のマジノ線突破で、英仏軍は海岸部のダンケルクに追い詰められた。五月下旬から六月上旬にかけて撤退作戦が行われ、約三四万の将兵はイギリスに輸送された。

ドイツ軍は残りのフランス軍を撃破し、六月一四日、パリに入城した。六月二二日、フランスは降伏した。

シェルはドゥリットルに、無期限の休職を許した。一九四〇年七月一日、ドゥリットルはインディアナポリス・アリソン工場に着任した。肩書きは航空隊中央地区の調達監督官補佐だった。これに先立つ一九四〇年一月、ドゥリットルはアメリカ航空学会会長に選ばれている。

軍務復帰を打診されたときドゥリットルは、アーノルドにそれとなく条件をつけた。「インディアナポリスの仕事を第一の任務とするが、製造に関する難問を処理するために、ワシントンの本部でも働けるようにしてほしい」

工場に着任してほどなく、ドゥリットルはアーノルド少将のところに出向き、「個人的に使用できるP－40戦闘機」、すなわち「誰の許可もなしで飛べるP－40戦闘機」を所望した。アーノルドは「どうぞ《ベリー・ウエル》」と言った。

ドゥリットルは予備役に退いた一九三〇年、大尉を飛び越えて少佐に昇進した。戻ってきた陸軍航空隊では、一〇年後でもかつての同輩たちが、まだ大尉だった。彼らの目にドゥリットルは、「ハップ・アーノルドの寵臣が特権を享受している」と映った。

一九四〇年、パンチョは農場の滑走路を改修し、政府のパイロット増員計画に協力した

一九三九年夏、政府は参戦に備え、パイロットの予備軍を増すことを目的とした民間操縦士訓練プログラム《シビリアン・パイロット・トレーニング》（CPTP）を開始した。

パンチョはCPTPに協力した。政府に雇われ、ウィチタまで航空機の購入に出かけ、元陸軍空軍パイロットを見つけて教官に配した。パンチョ自身は教官の資格がなく、全体を監督する立場だった。

一九三九年秋、砂漠のCPTP訓練はパンチョの監督下、パームデール飛行場（ミューロックの南西三五キロ）で行われた。パンチョの農場に、相応の施設がないためだった。

翌一九四〇年春、パンチョは一五メートル×五五メートルの格納庫を農場に作り、滑走路も改修した。二度目の遺産相続が、これを可能にした。彼女はこうしてCPTPの飛行訓練を、農場で行えるようにした。

砂漠でのCPTP訓練に、応募は少なかった。パンチョはロサンゼルスの新聞に、募集広告を出した。「訓練生は、農場で少し雑用をしてくれれば、部屋と食事が提供されます」

三期目のCPTPには、一五人の若者が応募した。ほとんどが二〇歳前半の若者で、一九四一年

七月から訓練が始まった。訓練生は母屋の隣に新築した宿泊所――簡易ベッド付きの長い部屋――で寝た。食事は、これも彼らのために新築した食堂で、一緒に摂った。

彼らは夜明け前に起床し、牛の乳を搾り、豚に残飯をやり、その後に農場の労働者たちと朝食を摂った。それから町に車で運ばれて座学の講義を受け、午後は農場に戻って飛行訓練を受けた。彼らは夕食後、パンチョを囲んだ。みな、彼女の話に魅了された。

その中の二人、ニコルズ兄弟は、パンチョから個人的な飛行のレッスンを受けた。彼女は二人には格別に愛想がよく、特に弟のロバート・ハドソン・ニコルズ、通称ニッキーと親密になった。ある朝、ニッキーが宿泊所のベッドにいなかった。仲間は、ニッキーがどこで寝たか知っていた。

ニッキーはハンサムでなく、格別に聡明でもなかった。しかしパンチョは、一五歳以上若いニッキーを新しいパートナーにした。

たまたまこのときランキン・バーンズが、パンチョに離婚をもちだした。ランキンの弟の弁護士は、パンチョの度重なる不貞を理由に挙げた。ランキンは齢五〇にして、教会での出世を捨て、再婚する道を選んだ。彼はサン・ディエゴの古い教会で、父の職を継ぐ決心をした。

パンチョは――筋の通らないことだが――傷ついた。彼女は人々に、離婚を言い出したのは自分のほうだと話した。彼女は、「教会役員の会合でわざとヌードになり、ランキンに離婚を言い出させた」と主張した。

一九四一年一二月、離婚成立の三ヵ月後、パンチョとニッキーはアリゾナのユマで、届け出結婚《シビル・セレモニー》

（宗教的儀式によらない結婚）した。

パンチョにとって、ニッキーをベッドのパートナーにするためには、結婚は不必要だった。結婚したのは、離婚で傷ついていないこと、男の愛情をいつでも支配できること、を示すためだった。

二人の結婚は、二週間続いた。ある日、ニッキーは突然消えた。

その冬、パンチョの飛行学校も終わりを告げた。一二月に日本の真珠湾攻撃が行われ、政府は太平洋沿岸から二四〇キロ以内の私有飛行場を、すべて閉鎖した。

一九四一年、ジャッキーはイギリスへ爆撃機を運ぶ最初の女性パイロットになった

戦争勃発はジャッキー・コクランに、新しい世界を拓いた。

一九四〇年一二月、ルーズベルトはアメリカを「デモクラシーの兵器廠」にすることを宣言した。翌年三月武器貸与法が成立し、ヨーロッパへの武器援助が可能になる。六月、陸軍航空隊《アーミー・エア・コー》は陸軍空軍《アーミー・エア・フォーシイズ》に名を変える。

一九四一年、ジャッキーは大望を抱く。イギリスへ爆撃機を飛ばす、最初の女性パイロットになろうと考えた。

切っ掛けは、ルーズベルト大統領が主催した昼食会だった。航空関係者への顕彰が行われ、陸軍航空隊長〝ハップ〟・アーノルド少将が同席していた。将軍はジャッキーに言った。「興味がおありかな。あなたが英国へ飛行機を運んでくれれば、物資調達の良い宣伝になる」

フロイドは、さほど乗り気でなかった。しかし最終的には、ジャッキーの希望に応えた。ジャッキーには、双発大型機の飛行経験が必要だった。そのための機体を用意するために、フロイドは精力的に手を貸した。

フロイドは英国の物資調達大臣ビーバーブルック卿や、空輸司令部の大物に働きかけた。そして遂にロッキード・ロードスター双発輸送機が、ロングアイランドのフロイド・ベネット飛行場に現れた。

しかし官僚主義者と性差別主義者が、大勢立ちはだかった。ジャッキーは奮闘する。英国へ爆撃機を送る組織の大物、ワシントン駐在の英国閣僚、運航会社や航空業界に影響力のある人物、そして最後には常に夫フロイドに、助力を頼む。

大西洋越えで爆撃機を空輸する部隊の司令部は、モントリオール近くの空港にあった。ジャッキーはテストを受けるために出頭する。しかし誰もが、女性が参加することを嫌悪していた。

飛行テストは数日間続いた。それは待ち時間を加えると、一日八時間を要した。待ち時間をジャッキーは、自分の車の中で過ごした。パイロットたちの嫌味な応対を避けるためだった。

ジャッキーは爆撃機を空輸する資格を得た。肩書きは「機長」だった。ただし「離陸と着陸を除いて」という条件付きだった。理由は、離着陸と地上走行に使用する「ハンド・ブレーキの操作力が不足する」というものだった。

モントリオールの空輸部隊には、三、四〇人のパイロットがいた。みな敵意剝き出しだった。

「彼女は知名度を狙って無謀な曲芸をしようとしている」「彼女は危険な仕事に携わる我々の価値を下げる」「これは女のすることではない。男の仕事だ」

それでも、機長資格を持つパイロットが一人、航法士として飛ぶことを申し出た。ジャッキーは彼に機長を依頼し、自らは副操縦士として飛ぶことを選んだ。航法士も一人志願した。

一九四一年七月一六日、ロッキード・ハドソン双発爆撃機で出発の朝、飛行場に機長と航法士の妻が現れた。見送りのためというより、飛行を暴力で阻止するという噂を懸念してのことだった。

飛行場は静かだった。しかし酸素系統の接続が違っていた。プロペラ凍結防止液の緊急用タンクは空になっていた。そして重要な工具の一つ、多目的レンチが無くなっていた。それは酸素系統を作動させるのに必要だった。

すべてを正した。レンチは整備士から新しいのを譲り受けた。無事離陸した。

ニューファンドランド島のガンダーに向かう。そこまでが第一行程だった。機長は操縦をジャッキーに委ね、操縦席を離れて航法のチェックを始めた。その夜はニューファンドランドで、空港支配人宅に泊まった。

翌朝、ハドソンの操縦室の窓の一つが壊されていた。例のレンチは、再び無くなっていた。発電機が不調で、修理に六時間を要した。窓は接着用テープで応急措置をした。レンチは、改めて一ドルで購入した。

夕暮れが近づき、機長の操縦で離陸を開始した。しかし脚の調子がおかしい。離陸を中断し、再点検を行う。タイヤ圧を高め、燃料を一九〇リットル補充した。

一時間後、離陸した。大西洋上に出る。第二行程の目的地はスコットランドのプレストウィックだった。機長は操縦をジャッキーに委ねた。

経路を保持し、高度を保持して進む。すべての計器を、まんべんなく見守る。速度は時速二一七キロに維持する。焦って高速で飛んではいけない。燃費が増えて辿り着けない。

夜が訪れる。雲に覆われた洋上を、のろのろと進む。左舷エンジンがおかしい。振動が発生し、止めることができない。北にオーロラを見る。

四時間ほど飛んだところで、濃霧に突入した。目を凝らして、すべての計器を見張る。夜明け前、突然前方に、続いて周囲に、曳光弾が上がる。機長が信号ピストルを掴み、ハッチを開いて色つきの信号弾を撃つ。

味方の銃撃なら、信号弾が見えれば、銃撃は止まる。しかし海面から信号弾は、霧で見えないはずだ。突然、銃撃が止む。

太陽が上る。雲の穴から、海面が見える。濃い黒い煙が見える。機長が、船が燃えているようだという。ドイツ船か英国船か、確かめる余裕はない。

遠くアイルランドの海岸線が見える。しかし、まだ終わったわけではない。アイルランドからプレストウィックへ、曲がりくねった経路を飛ぶ。敵情報機関の目を欺くためだ。

ガンダーを発って一二時間、ジャッキーは操縦を機長に返した。無事着陸し、総計一九時間におよぶ飛行を終えた。

着陸後、ジャッキーはバッグを開いた。持参したレモン、オレンジジュース、サンドイッチなどが、あっという間になくなった。同盟国は飛行機がたりないだけではなかった。食料の配給制が始まっていた。

ジャッキーはロンドンで、物資調達大臣ビーバーブルック卿に会見を許された。ジャッキーは、しまっておいたオレンジ二個を取り出した。ビーバーブルック卿はそれを、壁に掛かっていた自身の漫画の肖像画と交換した。

その夜、イースト・エンド（ロンドンの東部地区）が爆撃を受けた。ジャッキーは燃える街を、サボイ・ホテルの屋上から眺めた。

一九四一年、ジャッキーは二五名の女性パイロットを率いて渡英し、イギリスの軍用機空輸に協力した

ジャッキーは、爆撃機コンソリデーテッドB－24の一〇人の乗客の一人として、帰国した。そして直ちに大統領に嘆願書を送った。

それは英国での見聞に基づくものだった。英国では女性パイロットが、空輸支援団体ATA（エア・トランスポート・オウギジリァリー）とよばれる組織を作り、軍用機の空輸に従事していた。すでに四〇〇〇機以上の航空機が、女性の手で移動されていた。「アメリカでも同様のことができます。そうすることが必要ではありませんか」

ジャッキーはルーズベルト大統領から、ハイド・パークの昼食会に招かれた。ニューヨーク州南東部、ハドソン川に臨む村にある大統領の私邸での会食である。ジャッキーは、アメリカ女性パイロットが軍に協力する計画を説明した。

その後ジャッキーは、大統領夫人エリナ・ルーズベルト、軍事省次官補佐官ロバート・ラベット、陸軍空軍参謀総長〝ハップ〟・アーノルド中将といった大物たちと、相談する機会に恵まれる。しかしジャッキーの提案は空輸司令部の反対にあう。

このときたまたま英国がジャッキーに、パイロット増員《リクルート》——男女を問わず——に協力してほしいと依頼してきた。ジャッキーは自分の考えを実証するため、アーノルドの了解のもと、二五名のアメリカ女性パイロットと共に渡英した。

それは日本の真珠湾攻撃で太平洋戦争が勃発する一ヵ月前の、一九四一年一一月のことだった。ここからジャッキーは軍関連の仕事に没頭し、三年間ほどフロイドとほとんど離れて暮らすことになる。

二五名の女性パイロットは、戦時下の英国で、空輸支援団体ATAと共に飛んだ。彼女たちは、事故死した一人を除き、予定した一八ヵ月の任務を完了する。一方ジャッキーは、飛ぶことよりむしろ、英国のATA組織の調査に力を注いだ。

ジャッキーは、サボイ・ホテルに一室を借りていた。その部屋はアーノルド将軍をはじめ、英米の提督や司令官が現れ、各種の問題、例えば白昼爆撃がよいか夜間爆撃がよいか、を議論した。その傍らで、ジャッキーが言う。「小麦粉とチキンがあれば、何か作ってあげられるけど」

小麦粉はアメリカの巡洋艦から、チキンは北アイルランドから届いた。その他必要なものは、アメリカの大使館付き武官が用意した。
ジャッキーの料理の腕は、彼らを驚嘆させた。

一九四一年、日本の真珠湾攻撃で太平洋戦争が勃発し、ドゥリットル中佐はワシントンに着任した

一九四一年一二月七日、ハワイ時間の朝八時一九分（日本時間八日午前三時一九分）、日本軍による真珠湾攻撃が開始された。日本海軍機動部隊は、ハワイのオアフ島にある真珠湾に停泊中のアメリカ太平洋艦隊の主力と同島の航空基地を奇襲し、大損害を与えた。

かくして太平洋戦争が勃発する。この日、日本は香港《ホンコン》、シンガポール、フィリピン、グアムなどでも一斉に戦端を開いた。

翌八日、ドゥリットルはアーノルドに手紙を書き、戦術部隊への配置換えを願い出た。アーノルドからの連絡は、クリスマス休暇中に届く。ドゥリットルはワシントンへ移動を命ぜられた。

ワシントンでは、ペンタゴン（国防総省の五角形の建物）は建設中で、完成していなかった。新しい任務は軍需品《ミューニション》ビル内での航空参謀で、肩書きは作戦必需品監督官だった。

ドゥリットルは失望する。ドゥリットルが希望したのは、実戦部隊への配属だった。ドゥリットルは、第一次世界大戦で戦う機会がなかった。今回の任務も机に繋がれて、書類いじりをする羽目になるように見えた。

唯一の慰めは、中佐に昇進したことだった。一九四二年一月二日、ドゥリットルはワシントンに着任する。ジョーとともに、ワシントンのアパートに移る。首都では、人々は一週間七日勤務で働いていた。

一九四二年、チャック・イエーガーは陸軍空軍准尉として、戦闘機で飛び始めた

チャールズ・"チャック"・イエーガーが航空の歴史に登場するのは、このころである。空の黄金時代の主役の一人だが、ドゥリットルより二七歳若い。パンチョ・バーンズより二二歳若く、ジャッキー・コクランより一七歳ほど年下である。

イエーガーは一九二三年二月一三日、ウエストバージニア州の山奥で生まれた。五人兄弟の第二子である。小学校に入るころ、人口四〇〇人ほどの村ハムリンに移った。

村の子供たちは、多くの時間を森の中で過ごした。ここでイエーガーは、自然児として逞しく育つ。子供のときから射撃に優れ、茂みにひそむ鹿は誰よりも早く見つけた。

父親は、天然ガス発掘の仕事をしていた。イエーガーは、七歳から父の仕事を手伝う。機械に強い才能は、このころ芽生えた。村では、車のモーターを分解して直せる数少ない子供の一人だった。

高校では、手先の器用さと数学的適性を要する課目で優った。最も成績が良かったのは、タイプと数学だった。運動では水泳と卓球が抜群、バスケットボールとフットボールも得意だった。大学に行くことは、考えなかった。父親はそれほど裕福でなかった。本人は、自分は学究肌でなく、実

用知識に貪欲な人間と考えていた。小遣いは、賭け玉突きとポーカーで稼いだ。

一九四一年、一八歳の秋、イエーガーは陸軍空軍に応募し、整備士となった。整備した機に整備係将校と同乗し、スピン（錐揉み降下）をはじめとする各種のテストを経験した。

一九四二年、イエーガーは「操縦軍曹《フライング・サージャント》」計画を知り応募する。アメリカで軍用機を操縦するのは、通常将校——士官——である。これはパイロットを下士官兵にも広げる計画だった。幸い、採用された。

しかし、下士官兵は数人だった。あとは大卒者で、操縦資格を得れば将校になれる訓練生だった。一五時間飛んだとき、教官はイエーガーが、民間機で飛んでいたと考える。そうでないことを知って、教官は驚く。教官はイエーガーを、戦闘機パイロットに推薦した。

チャック・イエーガー（文献 4）

一九四二年三月、イエーガーは航空兵の資格《ウイングス》を得た。ネバダ州トノパーを基地とする第三六三戦闘機飛行大隊《ファイター・スコードロン》に配属される。ここで戦闘機ベルP－39エアラコブラで訓練を受ける。階級は規則が変わり、軍曹でなく下士官の陸軍空軍准尉——ノンコミッションド・フライト・オフィサー——となった。

一九四二年、ドゥリットル中佐率いる一六機の双発爆撃機が航空母艦ホーネットを発進し、決死の日本爆撃を敢行した

日本の真珠湾攻撃から二週間後、フランクリン・ルーズベルト大統領がホワイトハウスの会議に、陸軍参謀総長ジョージ・マーシャル将軍、新たに陸軍空軍参謀総長に任じられたヘンリー・〝ハップ〟・アーノルド中将、海軍作戦部長アーネスト・キング提督を招集した。会議には大統領特別顧問ハリー・ホプキンズ、ハロルド・スターク提督、軍事省長官ヘンリー・スティムソン、海軍省長官フランク・ノックスが同席した。

将軍や提督たちは、大統領にアフリカとヨーロッパの戦況を説明した。次いで議論は極東問題に移った。大統領は、可及的速やかに日本に報復攻撃することを望んだ。大統領は全員に、その方法と手段を検討することを命じた。

大統領は、日本本土を爆撃したいこと、それによってアメリカと同盟国の志気を高めたいこと、を強調した。大統領の要望は、マーシャル、キング、アーノルドたちから参謀たちへ、伝えられた。

日本爆撃のアイディアは、キング提督の補佐役の一人、フランシス・ロー海軍大佐が思いついた。ローの考えは、こうだった。「日本は航空母艦搭載機の行動範囲を約四八〇キロと考えている。陸軍に海軍戦闘機より航続距離の長い双発爆撃機があれば、その何機かを空母に載せて、日本を爆撃できる」

キングはローに、ドナルド・〝ウー〟・ダンカン海軍大佐と話し合うことを命じた。ダンカンは経

験豊かな艦載機パイロットで、キングの航空作戦参謀だった。ダンカンの結論は、「ノースアメリカンB－25ミッチェルが、この任務を遂行できる唯一の航空機である」「ただし空母の甲板は、B－25を着艦させることはできない」だった。

ダンカンは、B－25を発艦させるには、空母ホーネットが最適と考えた。ホーネットは一九四一年一〇月に就役したばかりの新鋭艦だった。一九四二年二月に、ノーフォークから太平洋に出港することになっていた。

一月一六日、ダンカンとローはキング提督に会った。ダンカンの説明に、キングは言った。「アーノルド将軍にあって、この件を話したまえ」

一九四二年四月一八日、ジミー・ドゥリットル中佐の率いる一六機の双発爆撃機ノースアメリカンB－25ミッチェルが、東京、横浜、名古屋、大阪、神戸を爆撃した。航空母艦ホーネットから発進した陸上機ミッチェルは、中国大陸に飛び抜けた。

隊員八〇名は、志願者のみで構成されていた。その爆撃行は、自殺行ともいえる危険な飛行だった。

そのことは、ホーネットを囲む機動部隊が日本軍に発見された場合の、対処の仕方に現れていた。発見されたとき、日本へ到達可能なら、発艦して日本の目標を爆撃する。そして海上に戻り着水する。西太平洋に配置され、待機する潜水艦は二隻だけだった。救助される可能性は、ほとんどなかった。

実際には、攻撃隊は中国に飛び抜けた。もちろんぶっつけ本番の飛行だった。着陸すべき飛行場からは、誘導電波が発せられるはずだった。しかし諸々の事情で、電波は発信されなかった。攻撃は、電波の発信を確認せず強行された。

一六機のうち、一五機は中国へ飛び抜けた。ドゥリットルの機を含めた一一機の乗員は落下傘で脱出し、四機は水田や海岸近くの海上へ不時着水した。脱出時と着水時の事故で三名が死亡し、八名が日本軍の捕虜になった。捕虜のうち三名は銃殺され、一名は獄死し、残り四名は戦後生還した。残る一機はエンジンの不調で、ウラジオストク近くの飛行場に着陸した。乗員五名はソ連に抑留されたが、その後ペルシャに逃れ、一九四三年五月に帰国した。結果のみ記せば、隊員八〇名のうち死者は七名である。

この爆撃による日本側の被害は、後に行われるボーイングB－29による空襲に比べれば、微々たるものだった。しかしその効果は、計り知れないものがあった。

日本軍はそのころ、東は日付変更線近くのギルバート諸島から、西はビルマに至る広大な地域を占領していた。しかしこの空襲によって、アメリカおよび太平洋の連合国軍に覆いかぶさっていた憂鬱は、一挙に払いのけられた。

この功績でドゥリットルは、大佐を飛び越し准将に昇進した。

一九四二年、日本海軍の坂井三郎兵曹は、後のアメリカ大統領ジョンソン少佐搭乗機を攻撃した

一九四二年六月九日、日本海軍の坂井三郎兵曹はニューギニア島のラエ基地で、報道用の写真撮影に協力していた。そこに空襲警報が発令された。坂井は飛行場の一番はしにいた。このため飛行機に着くのが遅れ、最後の零戦で離陸した。

この日、米側は最初に四発爆撃機B－17を二機、次に双発爆撃機B－25を五機、送り込んできた。これは囮だった。囮の役目は、ラエ基地の零戦をすべて外に誘い出すことだった。というのは、次に来る本命の編隊に、重要人物が乗っていたからだった。

本命は双発爆撃機B－26マローダー一二機からなる編隊で、二つに分かれていた。その第一編隊三番機に、マッカーサー司令部の反対を押し切って、基地査察使リンドン・ジョンソン少佐が搭乗していた。少佐は下院議員から志願して、戦争に参加した。後のアメリカ大統領である。

作戦の成否は、囮が零戦を誘い出すタイミングにかかっていた。しかし米側に作戦の齟齬《そご》があり、タイミングは決定的に狂った。このため二十数機の零戦に追われたB－25と、B－26の編隊同士が鉢合わせするはめになった。

坂井は発進が遅れ、囮たちに追いつけなかった。その代わりに、すれちがいに現れたB－26編隊に攻撃の矛先を向けた。

このときB－26一機が脱落しはじめる。これがジョンソン搭乗の第一編隊三番機だった。坂井を含む五、六機がこれを追う。しかしこの機は、かろうじて雲の中に逃れた。三番機は相当傷ついていたが、どうにか生還した。

坂井は目標を、第二編隊一番機のB－26に変えた。しかし相手が急旋回し、少し外側にのめった。

このため第一編隊の左外側二番機を狙う。そしてこの二番機の後尾ギリギリに近づき、追い越しざま撃墜した。「機をすべらせながらふり向くと、すでに私が撃った二番機は、あとかたもなかった。爆発したらしい」

これをアメリカ側は、次のように見ていた。「このものすごい零戦は、クロッソン機からわずか一メートルも離れていないところを、矢のようにすれ違ったと思うと、次の瞬間、スチブンス中佐の同乗していた第一編隊の二番機に激突したように見えた。とたんに大爆発が起こり、二番機は空中に四散してしまった」

爆撃行から帰ったクロッソン中尉の報告。「たしかに零戦一機が、二番機の後部に体当たりして双方とも木っ端みじんになったようです」

一九四二年、ミューロックは陸軍空軍の訓練中枢と化し、パンチョの農場はクラブハウスを持つ接待場となった

ミューロックには、大変化が起きていた。

真珠湾攻撃の翌日、アメリカは日本に宣戦布告した。三日後にはドイツとイタリアがアメリカに宣戦し、アメリカはヨーロッパ方面でも参戦した。

数週間を経ずしてミューロックは、陸軍空軍の訓練中枢と化した。一二月だけでも、一万人を超える人間が何百機ものB－24爆撃機を伴って、ミューロックに到着した。続いてP－38戦闘機部隊

の到着が始まった。

一九四二年、ミューロックの爆撃と射撃の訓練場はミューロック陸軍空軍基地となった。到着し続ける航空機には、まだ格納庫はなかった。その後兵舎、管制塔、コンクリート滑走路が加わり、ミューロック陸軍飛行場になる。その滑走路の先、滑走路端から一・五キロほどのところに、パンチョの農場があった。

一九四二年の秋には、ドライ・レークの北端で、アメリカ初のジェット機、ベルXP－59Aの飛行試験が極秘裡に行われる。ミューロック陸軍飛行場は、現在はエドワーズ空軍基地として知られる。

パンチョは軍に牛乳や肉を配達していた。パンチョは飛行機に詳しい。彼女の農場にはサラブレッドの馬がいて、プールがあった。軍の非番の人間が、徐々にパンチョの家を訪れ始めた。パンチョは彼らを馬に乗せ、兎狩りをさせ、共にウィスキーを飲み、飛行機の話をし、分厚いステーキでもてなした。ミューロック基地の司令までが、基地への訪問者を連れて訪れるようになった。

戦争の初期には、それはパンチョの私的な接待だった。しかし基地が大きくなり、訪問者が増えるにつれ、パンチョはそれをビジネスに転じた。一九四二年、家を改装してクラブハウスの体裁にし、ダンスも食事もできるようにした。大きな部屋には暖炉があり、ピアノ、ジュークボックスが置かれ、隅にはスロット・マシーンまであった。

食事をする場所の一角は、小さいカウンターで仕切られていた。そこからキッチンが見えた。キッチンでは、この地区最高の料理人ミニー——大柄な黒人女性で身長一八〇センチ、体重一一〇キロ——が、巨大なガス・グリルで、ステーキをじゅうじゅう焼いていた。

乗馬は、基地の人間に人気があった。パンチョはこちらも、料金を取るビジネスにした。サラブレッドを増やし、ドロシーという名の若い美女を雇って、馬で遠出するときの案内役にした。

農場が客商売で繁盛するにつれ、農作業への配慮が疎かになった。一九四二年にトニー・キングが海軍に入隊し、農場の親方として采配を振るう人間がいなくなると、この傾向はさらに強まった。一方パンチョの事業は、見かけは繁盛していたが、財政難に陥りつつあった。事業の拡大と気前の良い浪費——彼女は相変わらず多くの友人を招待していた——が原因だった。抵当で借りた金や購入した資材への不払いが続き、立て続けに裁判に訴えられた。従業員への給与小切手も、不渡りになったりした。

しかしパンチョは怯まなかった。彼女には当てがあった。それは、彼女が得るであろう母方の家族の、最後の遺産だった。

母方の祖母キャロライン・ダビンズは、一九三五年に死亡した。彼女の夫リチャード・ダビンズは、その遙か以前に死亡していて、リチャード名義の遺産は、受託者——信託財産を管理し処分する権限を有する者——がキャロラインと息子ホーラス・ダビンズになっていた。

そして遺言は、キャロラインが死亡した場合、遺産は四人の子供に等分されることを定めていた。パンチョの母はすでに死亡していて、その相続分はパンチョのものだった。キャロライン名義の遺産相続が決着するのに、すでに述べたが、四年を要した。

そしてリチャード名義の遺産が法廷で最終決着するのが、大戦勃発後の一九四二年七月なのである。すなわち決着に、更なる三年を要した。

リチャード・ダビンズ名義の遺産には、フィラデルフィア中心街の最高のホテルの一つ、ブロードウッドが含まれていた。遺産は一三〇万ドル以上で、パンチョの取り分約三四万ドルは、普通の人間なら残りの人生を贅沢に暮らせる額だった。

しかし遺産の大部分は、ブロードウッド・ホテルを経営する会社の株券だった。パンチョが現金化できる遺産は、一万五〇〇〇ドル弱に過ぎなかった。負債を支払い、高級な馬に乱費し、気前の良いパーティーを続けるには、足りなかった。

またホテルの経営にかかわることになって、パンチョは年に何度も、遠いフィラデルフィアの会合に出なければならなくなった。そして叔父ホーラスとの関係は、長い間の諍いで冷え切っていた。

このブロードウッド・ホテルが、その後のパンチョに新しい展開をもたらす。

一九四二年、ジャッキーは帰国し、女性空軍パイロット訓練の指揮を委ねられた

一九四二年七月、ハップ・アーノルド将軍がロンドン在住のジャッキーに会いにきた。「私と一

緒に帰国してもらいたい。軍のために女性パイロットの組織を作ってもらいたい」

ジャッキーは答えた。「だめです。イギリスと約束した一八ヵ月が、まだ終わっていません。帰国するとしても、文書による要請が要ります。準備に一ヵ月かかります」

帰国して、ワシントンのアーノルドのオフィスに現れたジャッキーに、アーノルドは言った。

「五〇〇〇人の女性を訓練したい。指示は私のオフィスから出す。命令を書きなさい。いつでも相談に来なさい」

一九四二年九月、ジャッキーはテキサスで女性パイロット訓練の指揮を委ねられた。ジャッキーは訓練センターを、ヒューストンに置いた。使用できる航空機は、各種合わせて二〇〇機を越えた。

彼女は移動に、馬力アップしたセスナを使用した。胴体には「美しさへの翼《ウイングス・トウ・ビューティ》」と書かれていた。迎えに出た訓練生の一人が囁いた。「飛行機にしては不思議な名前ね」

ジャッキーは信じられないような良い耳を持っていた。「どこかおかしい？　これは私の化粧品会社のスローガンよ」

この訓練計画は、一九四三年に女性空軍操縦士隊《ウイミンズ・エアフォース・サービス・パイロッツ》（ＷＡＳＰ）に発展する。ジャッキーは陸軍空軍の参謀幕僚に指名され、その指揮を委ねられた。

一九四二年、ドゥリットル准将は北アフリカ上陸作戦の空軍の指揮を委ねられた

一九四二年夏、ハップ・アーノルドはドゥリットルをよび、北アフリカ上陸作戦の話を持ち出し

していた。当時北アフリカのリビア、エジプト方面で、ドイツ軍とイギリス軍が一進一退の戦車戦を展開た。

北アフリカ上陸は英米連合軍による陸・海・空共同作戦で、たいまつ作戦《オペレーション・トーチ》とよばれた。このためにアメリカ陸軍は、第一二空軍を立ち上げようとしていた。それは北アフリカ進攻だけでなく、その後のイタリア・ドイツへの進攻も視野に入れたものだった。

アーノルドは、その地上戦の指揮をジョージ・パットン准将に、空軍の指揮をドゥリットル准将に、それぞれとらせようと考えていた。それには、ヨーロッパ派遣アメリカ軍司令官ドワイト・〝アイク〟・アイゼンハワー少将の承認が必要だった。

八月五日、ドゥリットルとパットンはロンドンへ飛ぶ。二日後二人は、中将に昇進したアイゼンハワーに会う。アイクとの会談には、トゥーイー・スパーツ少将（第八空軍司令官）やヘイウッド・〝ポッサム〟・ハンセル・ジュニア大佐（後のサイパン基地初代司令官）が同席した。

会った瞬間ドゥリットルには、アイクが自分を嫌っているのがわかった。アイクは、レーシング・パイロットとしてのドゥリットルの評判を知っていた。アイクの目にドゥリットルは、B－25一六機の東京奇襲隊《トウキョウ・レイダーズ》より大きな部隊を指揮したことのない、向こう見ずな男と映った。

オペレーション・トーチの議論が始まった。パットンが口火を切り、「やつら《バスタード》を海にたたき込む」計画を説明した。アイクはそれに満足した。

次いでアイクが、ドゥリットルに向かって言う。「最初にすべきは、北アフリカで飛行場を獲得することだ。飛行場を獲得したら、すぐ作戦行動に使えるようにする」。アイゼンハワーは、できるだけ多くの飛行場を作りたいと考えていた。

どう答えるべきか、ドゥリットルにはわかっていた。「イエス・サー、まさに、その通りであります」。しかしドゥリットルは答えた。「アイゼンハワー将軍、飛行場は、そこを地上軍が占領し、邪魔を排除し、燃料、補給品、弾薬、爆弾、食糧、部品を運び込むまで、何の価値もありません。作戦行動をするのは、それからです」

アイゼンハワーの顔がこわばる。ドゥリットルは、恐ろしい誤りを犯したことを悟った。第一二空軍について、ドゥリットルはほとんど説明することができなかった。アイゼンハワーも、第一二空軍の編成やその指揮をドゥリットルに任せたくなかった。

ドゥリットルが辞してから、アイゼンハワーはハップ・アーノルドに電報を打った。「地上軍司令官にパットンは申し分なし、しかし空の指揮はスパーツかイーカーを望む」

アーノルドは、陸軍参謀総長ジョージ・マーシャルと連名で返電を打った。「貴下の希望通りにされたし。しかし当方は強くドゥリットルを推す」。アイゼンハワーは、マーシャルの意向を無視できなかった。彼は不承不承ドゥリットルを受け入れた。

その後のロンドンの打合せでは、アイゼンハワーはドゥリットルによそよそしく、冷淡だった。ドゥリットルは心中、期するところがあった。いつの日か、必ずアイクの心を変えさせる、と。

英米連合軍の北アフリカ上陸は、一九四二年一一月上旬に予定されていた。ドゥリットルは九月にイギリスに渡り、アフリカ進攻の準備に入った。

第一二空軍の役割は、まずオラン（アルジェリア北西部の港市）およびカサブランカ（モロッコ北西部の港市）への連合軍の上陸の支援だった。さらに東方へ進攻するとき、輸送路や途中の港を防衛する役割も担っていた。

その後イギリスでは、第八空軍の司令官トゥーイー・スパーツ少将は任を解かれ、アイラ・イーカー准将がその地位を継いだ。スパーツは、ヨーロッパ戦域のアメリカ全空軍を指揮することになる。すなわちスパーツは、ドゥリットルの直属の上司になる。

北アフリカ進攻に備え、第一二空軍へは第八空軍から、機体や人員が徐々に、しかも大幅に移された。アイラ・イーカーは、いたく落胆する。二人のライバル関係は、このとき始まる。

一九四二年一一月五日、北アフリカ上陸開始の三日前、アイゼンハワーと彼の参謀たちは、ロンドンから秘かにジブラルタル（イベリア半島南端の港湾都市）に移動した。

英米の主要参謀たちも、ドゥリットルを含め同行した。このために六機のボーイングB－17爆撃機——四発の「空の要塞《フライング・フォートレス》」——が使用された。六機とも、胴体側面の機銃が外された。銃手は一人も搭乗しなかった。搭乗者の座席を作り、荷物を搭載するためだった。

B－17は、一九〇〇キロの行程を八時間かけて飛ぶ。アイゼンハワーの乗機のパイロットは、ポール・ティベッツ少佐だった。後に広島に原爆を投下するボーイングB－29「エノラ・ゲイ」のパイロットである。

ドゥリットルは、最後の六番機に乗った。六番機は地上走行中に油圧系統が故障し、出発が一日遅れた。残る五機は、早朝ぎりぎりの気象条件をついて出発した。その中の一機はジブラルタルに到着せず、以後消息を絶った。

翌一一月六日、ドゥリットルたちは出発した。大西洋上を南西に向かい、陸地を離れて飛ぶ。洋上を哨戒するドイツ戦闘機との遭遇を避けるためだった。

それでも航路半ばで、ユンカースＪｕ88の四機編隊に発見された。Ｊｕ88は双発でドイツ空軍爆撃機の代表格だが、機首に武装を増設した戦闘機型もあった。Ｊｕ88は、一列縦隊で正面から襲ってきた。

同乗の准将の一人が、上部銃座と胴体下面の球形銃座《ボール》（遠隔操作で撃てる）で応戦した。パイロットは機を海面すれすれに下げ、横滑りで機銃弾を回避する。二度目の攻撃でコックピットに被弾し、副操縦士は重傷を負う。第三エンジンも被弾し、プロペラ回転が制御不能になる。

副操縦士は飛散した風防で盲目状態に近い。ドゥリットルは副操縦士席につき、初めて乗るＢ－17の第三エンジンの回転を減速させる。何とかジブラルタルに無事着陸、かくして第一二空軍司令官として最初の戦闘を終えた。

一九四二年、ヨーロッパ戦線でアメリカ爆撃機は、一五回の出撃で半数が失われた

後に歴史上最強と恐れられる戦闘集団、第八空軍は、一九四二年一月、ジョージア州サバンナで、誕生した。最初は士官の小グループで、少将に昇進したカール・〝トゥーイー〟・スパーツが司令官として着任、補佐役はアイラ・イーカー准将だった。

一九四二年五月、スパーツとイーカーは士官三九名、下士官三八四名とともに、イギリスに渡った。これがイギリスにおけるアメリカ陸軍航空群集団《コマンド》の最初の分遣隊である。

第八空軍の本部は、バッキンガムシャー（イギリス南部の州）のハイ・ウィカムに置かれた。第八空軍の最初の出撃は、一九四二年八月一七日である。総計一八機のボーイングB－17が、フランス・ルーアンの飛行場を爆撃した。

当初第八空軍は、ヨーロッパで苦戦した。ドイツは、メッサーシュミットBf109やフォッケウルフFw190といった優れた戦闘機を有していた。

当時ヨーロッパ戦線で第八空軍は、一回の出撃で爆撃隊員の四～六パーセントが戦死あるいは行方不明になった。このことは約一五回の出撃で、隊員のほぼ半数が失われることを意味した。

第八空軍のロバート・〝ボブ〟・モーガン少尉は、イギリスのバッシングボーン基地からヨーロッパ各地をボーイングB－17で爆撃し、二五回の出撃を生き延びた。二五回は当時、「帰国を認められるのに必要な出撃回数」だった。

モーガンの出撃は、一九四二年一一月七日から一九四三年五月一七日にかけて行われた。モーガンの第八空軍第九一爆撃航空群は、一九四二年一〇月半ば、バッシングボーン基地に到着した。そしてその年の一二月二〇日に、第五回の出撃を終える。第九一航空群とともに最初に大西洋を越えたB－17は、三六機だった。しかしこの第五回出撃の時点で、そのうちすでに二九機が、撃ち墜とされていた。

モーガンの乗機「メンフィス・ベル」は、後に映画化されて有名になる。ベル機が最大の被害を受けるのは第二一回の出撃、一九四三年四月一七日のブレーメン・フォッケウルフ工場の爆撃である。これはドイツ本土へ深く侵入する長距離爆撃だった。

攻撃隊は総数一〇〇機以上が、四グループに分かれて出撃した。第九一航空群からは三二機が離陸し、三機引き返し、二九機が目標に達した。

モーガンの第九一航空群は、先頭グループとして飛んだ。対空砲火は、「絨毯とよぶのは、全く妥当性を欠く。空は、あたり一面、爆発する金属が黒く煮えたぎる環礁だった」「あの中は、仮に通り抜けることができても、ハチの巣にされる。実際、多くの機が通り抜けられなかった」

対空砲火がやむと、戦闘機の登場となる。「大群が、雲のように、あらゆるモデルを揃えてやってきた」。フォッケウルフＦｗ１９０、メッサーシュミットＢｆ１０９、Ｂｆ１１０が、四方から襲ってはすり抜けていく。

この出撃で攻撃隊は、全体では一六機失い、モーガンの第九一航空群は二九機中六機を失った。メンフィス・ベルは一エンジンを破壊され、胴体に八一個の穴を開けられた。

一九四三年、イエーガーは生涯の伴侶グレニスと出会った

一九四三年六月、イエーガーの第三六三戦闘機飛行大隊はネバダ州を離れ、カリフォルニア州サンタローザへ、さらにオーロビルに移動した。オーロビルに移動した最初の日、イエーガーは後に生涯の伴侶となるグレニス・ディックハウスと出会う。

グレニスは高校を卒業したばかりの一八歳。校長の秘書、ドラッグ・ストアの会計係、慰問協会の相談係を兼務していた。イエーガーは慰問協会に、ダンス・パーティー開催を頼みに行き、グレニスを見初めた。後にミューロックで、「ビビアン・リーそっくり」と言われるブルネットの美女だった。

訓練の最終段階で、飛行大隊はワイオミング州カスパーに移動した。一〇月二三日、乗機P－39のエンジンが爆発し、イエーガーは落下傘で脱出する。しかし開傘時気絶し、着地時背骨を痛めた。この日は金曜日だった。訓練後イエーガーは、カスパーからネバダ州レノ（距離約一二〇〇キロ）に飛ぶことになっていた。週末をレノのキット・カーソン・ホテルで、グレニスと過ごす約束になっていた。

グレニスはオーロビルから、すでに貨物列車の乗務員室で、レノへ片道六時間の旅に出発していた。グレニスは夜、カスパーに電話して事故を知る。その夜、再び貨物列車の乗務員室で、オーロビルに向かう。「若き日の最も長い、最も辛く惨めな体験でした」

二人が再会するのは数週間後、飛行大隊がイギリスに派遣される前、カスパーの最後の週末だった。グレニスは、今度

チャック・イエーガーとグレニス
（文献5）

ノースアメリカンP－51ムスタング（文献13）

は旅客機でカスパーに飛ぶ。イエーガーの背中は治りきっていなかったが、二人は楽しい時を過ごす。

一九四四年一月、飛行大隊はP－51ムスタングの交替要員として、イギリスに向かった。

一九四四年、ドゥリットル中将はヨーロッパ戦域を統括する第八空軍司令官に昇進した

一九四三年一一月、ルーズベルト、チャーチル、スターリンがテヘランに集まり、ノルマンディー進攻を決定した。チャーチルはバルカン半島への攻撃を主張したが、ルーズベルトとスターリンの主張が通った。

次いで彼らはカイロに移動し、指揮権の統一を図った。この結果ドワイト・〝アイク〟・アイゼンハワーは一九四四年一月一日付で、連合軍の最高司令官《スープリーム・コマンダー》の地位につく。トゥーイー・スパーツ中将は在イタリアの第一五空軍司令官と在イギリスの第八空軍司令官の上位に立ち、対ヨーロッパ戦略爆撃を調整する立場になった。

スパーツはハップ・アーノルドに、第八空軍司令官アイラ・イーカー中将を地中海の連合国空軍司令官（管轄はアフリカ戦域）に転出させるよう進言する。アーノルドはこれに同意した。

これはドゥリットルに、イギリスで第八空軍の指揮をとらせるためだった。当時ドゥリットルは、アイゼンハワーの推薦で少将に昇進し、イタリアで、創設されたばかりの第一五空軍を指揮していた。

地中海への転出決定の知らせに、イーカーは動転する。スパーツに「親展」の手紙で、「二年間手塩にかけた」第八空軍を「クライマックス直前に」離れる無念さを述べ、指揮をとり続けたいと懇願した。また第八空軍を離れなければならないとしても、「ドゥリットルは第一五空軍にとどまるべき」とし、後任に他の人間を推薦した。

イーカーはハップ・アーノルドにも、地中海へ転任させないでほしいと懇願した。しかしアーノルドは、決定を覆さなかった。最後は、イーカーが潔く命令に服した。

ドゥリットルにとってイーカーの後釜に座ることは、彼の気持ちを考えるとき、複雑な思いだった。しかし「最後に自分をアイクに売り込んだ」ことには、満足していた。

アーノルドもスパーツも、空軍の独立を悲願としていた。そのために空軍の威力を示す最後の大舞台、六ヵ月後に迫ったノルマンディー上陸作戦の指揮を、最も信頼するジミー・ドゥリットルに託したのである。

一九四四年一月三日、ドゥリットルはネイサン・トワイニング少将に第一五空軍の指揮を委ねた。そして参謀長に指名したアール・〝パット〟・パートリッジ准将を伴い、イギリスに向かった。二ヵ月後、中将に昇進。

一九四四年、イエーガーは八回目の出撃で、フランス西南部で撃墜された

イギリスに渡ったイエーガーは、乗機ムスタングを「グラマラス・グレニス」（魅力に満ちたグレニス）と名づけて飛んだ。イエーガーは給料で買った戦時公債をグレニスに送り、保管を頼む。

一九四四年三月四日、イエーガーはベルリン上空で、メッサーシュミットBf109を一機撃墜する。しかし翌五日、B−24爆撃機を護衛中、上空背後から襲ってきたフォッケ・ウルフFw190三機の先頭の一機に撃墜された。

イエーガーは四機編隊の四番機、いわゆるテイル・エンド・チャーリー（最後尾の一機）だった。イエーガーにとって八回目の出撃で、場所はフランス西南部、ボルドーの北東約一〇〇キロのアングレーム近くだった。

落下傘脱出したイエーガーは農家に匿われ、その後フランスのマキ団（反ナチ地下組織）の一グループと行動を共にする。そして彼らの助けを借り、スペインとの国境、ピレネー山脈へ向かう。距離は、およそ三〇〇キロである。

最後の行程は、撃墜されたB−24航法士パット（中尉）と二人だけの徒歩の脱出行になった。国境は、雪と氷で覆われた尾根の南側にある。二人だけの脱出行の四日目、ドイツ兵の襲撃でパットは片脚の膝から下を失う。イエーガーは失神したパットを背負い、尾根を越えた。

スペインのアメリカ領事がイエーガーを発見するのは、一九四四年三月三〇日である。

一九四四年、ニューヨーク・タイムズは、一〇〇オクタン・ガソリンに関するドゥリットルの先見の明を称讃した

一九四四年四月三〇日、アメリカではイリノイ州ウッドリバー（セントルイス北東約四〇キロ）で、シェル石油の祝賀式典が行われた。シェルが初めて陸軍に一〇〇オクタン・ガソリンを納めたのは一九三四年四月三〇日、その一〇周年を記念する式典がウッドリバー工場で行われた。

かつてこの工場では、軍が発注した四キロリットルを製造するのに、工場の総力をあげることが必要だった。一〇年後、この工場は一〇〇オクタン・ガソリンを毎週数千バレル（一バレルは約一五九リットル）製造していた。

式典には、ドゥリットルのかつてのボス、アレクサンダー・フレイザー副社長や、軍事省長官のロバート・パターソンが列席していた。彼らの挨拶を、ドゥリットルはロンドンのBBC（英国放送協会）の一室で聞いていた。一方ドゥリットルの挨拶は、短波無線に乗って、式典を祝って集まった五〇〇〇人の耳に届いた。

「第八空軍を代表し、感謝の気持ちを故国の皆様へお伝えできることは幸せです。一〇〇オクタン・ガソリンは、我が爆撃機と戦闘機の血液ともいえるものです。これを用いることで、戦闘機は速度を毎時八〇キロほど増し、爆撃機は爆弾搭載量を一割ほど増加させました……」

ニューヨーク・タイムズは、「パワーの記念日」と題する記事を掲載した。「アメリカの空軍力は、その多くをドゥリットル陸軍中将に負っている。特に忘れてならないのは、一〇年前、彼が民間人

としてシェルの航空発展の責任を負う立場にあったとき、一〇〇オクタン・ガソリンの研究続行を精力的に主張したことである」

一九四四年、ドゥリットル司令官はノルマンディー上陸作戦を、単機上空から見守った

アメリカは物量、人員で勝った。機体、乗員の損耗は、ドイツ側のほうが大きかった。戦況は次第にアメリカ優位に傾く。

アメリカの優位を決定づけたのは、一九四三年から始まる燃料増槽つき戦闘機の配備だった。リパブリックP－47サンダーボルト、ロッキードP－38ライトニング、さらに第二次大戦最高の傑作機P－51ムスタングが到着した。

これらの戦闘機の行動半径は、一三〇〇キロを超えた。イギリスから飛ぶ爆撃機は、オーストリア東部まで戦闘機の護衛を受けられるようになった。

ドゥリットルが受け継いだ第八空軍は、途方もなく巨大だった。着任時、管下には重爆撃機が二五航空群《グループ》、戦闘機が一五航空群あった。さらに支援が必要な場合、地上軍支援を主目的とする第九空軍から、戦闘機一八航空群を使用できた。管下の航空機数は五〇〇〇を超えた。

ドゥリットルを悩ましたことの一つは、イギリスの天候だった。有視界飛行で離着陸する当時の航空機にとって、イギリスは年間二四〇日ほどが悪天候だった。

ドゥリットルは着任早々、大編隊にリコール（呼び戻し）の命令を発した。基地の天候悪化が予

想されたためだが、編隊が帰還したとき、基地は晴れていた。この一件で、ドゥリットルはスパーツから強く叱責された。

気象予報の外れの責任の一半は、アービング・クリック大佐が負うべきとドゥリットルは考えていた。かつてアメリカ横断飛行で、「快晴の追い風はニューヨークまで続く」と予報をしたカリフォルニア工科大学の気象学者は、ヨーロッパ戦域の気象予報の最高権威者になっていた。

一九四四年六月六日、ノルマンディー上陸作戦開始日（Dデー）、沿岸は本曇りだった。夜明け、六機のB－17がノルマンディー沿岸を扇状に広がって飛び、町や村にパンフレットを投下した。そしてフランスの人々に、広い空き地に退避し、高速道路や鉄道から遠ざかるように伝えた。彼らの待つ上陸作戦の開始を伝える第一報だった。

次いで一三五〇機の爆撃機が、二二五の飛行大隊に分かれ、海岸線に向かって飛んだ。彼らはあらかじめ定められた経路を飛び、沿岸近くの目標をレーダー照準で爆撃した。

爆撃には第八空軍の三分の二の戦闘機が同行した。残る三分の一の戦闘機は、爆撃が途切れる間、上空に待機した。第九空軍も一七一の戦闘機飛行大隊を送り、両空軍合わせると約三〇〇〇機の航空機が動員された。イギリス空軍も、多数の航空機を飛ばせて作戦に協力した。

その日、早朝四時半に離陸したドゥリットルは、夜明け前から沿岸上空にいた。ドゥリットルは、P－38ライトニングで飛んでいた。P－38は、双発双胴型式という特異なレイアウトを採用したことで有名な戦闘機である。

ドゥリットルがP－38を用いたのは、この機の双胴という機体形状のゆえだった。P－38に乗っていれば、激戦の最中でも、味方の誤射に——地上からも空中からも——遭う可能性が少ない。ドゥリットルには、参謀長アール・〝パット〟・パートリッジが、もう一機のP－38で同行していた。二人は本曇りの雲の上に出て、爆撃機の編隊がレーダー照準で爆撃するのを、上方から見守った。

ドイツ側の迎撃は、なきに等しかった。現れたドイツ機は即刻駆逐されたらしく、二人に敵機は見えなかった。

基地に戻る途中ドゥリットルは、雲の中に穴を見つけた。降下するドゥリットルを、パートリッジは見失う。パートリッジは単機帰投した。

ドゥリットルは雲の下のイギリス海峡に出て、海岸に向かう。下方では一七万六〇〇〇人の兵士と五〇〇〇隻の艦船が、上陸作戦を決行していた。ドゥリットルは、海岸の制空権が確保されていることを確認する。そしてそれに、心からの満足を覚える。

ドゥリットルは、海岸上空に二時間半とどまった。着陸するや、ドゥリットルはアイゼンハワーの本部に急行した。朝の作戦会議で、目撃してきたことを報告する。ドゥリットルの報告が、アイゼンハワーが受けた最初の戦況報告だった。

一九四四年、イエーガー少尉は稀な空戦機会を生かし、際立つ操縦能力を示した

一九四四年五月中旬、イエーガーはイギリスに戻る。イエーガーにとって、戦争は終わりだった。あとは本国への送還を待つのみ、もう出撃することは許されない。

これは、占領下地域の地下組織を護るための規則だった。救助された乗員が再度撃墜され捕虜になると、拷問を受け、脱出経路が露顕しかねない。

よほどの変わり者でない限り、本国への帰還命令を喜ぶ。イエーガーは喜ばなかった。飛行大隊の駐留するレイストン（ロンドンの北約一〇〇キロ）に戻ったとき、ここここそ自分のいるべき場所だと悟る。

イエーガーは六月二五日の輸送機で、ニューヨークに向かうことになっていた。イエーガーは大隊司令部に乗り込み、残留を希望した。イエーガーの希望は指揮系統を上へ伝わる。六月一一日、連合軍最高司令官アイゼンハワー将軍との面会を許された。

アイゼンハワーに、帰還の規則を変える権限はなかった。しかし軍事省は、最終決定をアイゼンハワーに委ねた。イエーガーの希望は叶えられた。

帰還命令が撤回されるまでの間、イエーガーはイギリス上空で、新しい交替要員に空中戦の訓練を行った。その最中に、北海で空中援護の命令を受ける。撃墜されたB－17の乗員二名が、海上で救助を待っていた。

彼らの上空を旋回しているとき、ユンカースＪｕ88が一機現れた。イエーガーは単機これを追い、ヘルゴラーント島（ドイツ本土から約五〇キロ、北海東端）の浜辺で撃墜した。

帰投したイエーガーは、規則を破ったことで大目玉を食らう。イエーガーは撃墜を記録したガンカメラのフィルムを若いパイロットに与え、功を譲った。このＪｕ88は、イエーガーの撃墜機に数えられていない。

イエーガーは少尉に昇進した。飛行大隊《スコードロン》では最年少の少尉だった（飛行大隊は中隊《フライト》からなり、中隊は数機の航空機で構成される）。さらに三飛行大隊からなる第三五七戦闘機航空群の指揮を委ねられる。

一九四四年一〇月一二日、イエーガーはブレーメン（オランダ国境から約一一〇キロ）を爆撃するＢ－24編隊の護衛を命じられた。Ｂ－24の二編隊に、配下の飛行大隊を二つ、オランダから護衛につける。自身は一飛行大隊を率い、その一六〇キロ前方を飛んだ。

シュタインフンダー湖（ブレーメンの南約七五キロ）付近で、メッサーシュミットＢｆ１０９の編隊（合計二二機）を発見する。飛行大隊を誘導して、太陽を背にする位置から襲う。相手は進路を変えない。気づかなかったか、友軍と誤解したか。

イエーガーは先頭にいる。編隊の最後尾《テイル・エンド・チャーリー》の一機に射撃を加えようとする。その瞬間、相手は突如左に逃れ、僚機に突っ込んだ。射撃せずに二機撃墜。

いまや全機翼燃料タンクを投棄して空中戦に入った。イエーガーは距離五五〇メートルのＢｆ１０９を命中弾で爆破、三機目の撃墜。

振り向くと、背後から斜めに一機が突っ込んでくる。激しくスロットルを戻す。失速寸前の速度で横転を続け、相手の後下方に回り込む。右方向舵を蹴ると同時に射つ。四機目の撃墜。少時の後、一機を追尾して急降下に入る。高度三〇〇メートルまで追って引き起こす。相手は真っ直ぐ地面に突っ込む。五機目の撃墜。

史上名高い五機連続撃墜である。撃墜機数は都合六機、イエーガーはエースとなった。

一九四四年一一月六日、イエーガーは四機のムスタング小隊を指揮して、エッセン（ドイツ北西部、ルール工業地帯の中心都市）の北を飛ぶ。高度二四〇〇メートル、見下ろす雲間に、高度九〇〇メートルを飛ぶ三機のジェット戦闘機Ｍｅ２６２が見えた。

急降下して攻撃、二機に数発の機銃弾を撃ち込む。しかし相手は上昇して視界から消えた。

高度二四〇〇メートルに戻る。小隊はいない。北海上空へと、北へ向かう。このとき下方に飛行場を認めた。しかもＭｅ２６２が一機、脚を降ろして着陸体勢に入っている。

急降下して後尾に入り込む。地上砲火の中、距離四〇〇メートルで撃ち、滑走路手前に墜落させる。イエーガーはこの功績で最高の名誉、空軍殊勲十字章《デイステイングイツシユト・フライング・クロス》を授与される。

一一月二七日、翼下に爆弾と落下燃料タンクを抱いたムスタング編隊を、上空一万一〇〇〇メートルから護衛する。爆撃隊の目標はポーランドのポズナン（ベルリンの東約二五〇キロ）近くの地下燃料施設。

ドイツ空軍は、東部ドイツとポーランドの戦闘機を大動員して、迎撃してきた。この空戦でイエーガーは、Ｆｗ１９０を四機撃墜した。

イエーガーの公式撃墜機数は都合一一である。これでイエーガーは、ダブル・エースとなった。

アメリカは、一九四四年六月の連合軍ノルマンディー上陸時には、ヨーロッパの制空権を握っていた。イエーガーが撃墜した一一機中一〇機は、Dデー以後のものである。すでにアメリカ・パイロットにとって、交戦機会は少なかった。稀な機会を確実に生かす技量は、際立つ操縦能力を示すものだった。

一九四四年、パンチョは超ハンサムな売れっ子ダンサーと結婚した

ドゥリットルがノルマンディー上空を飛び、イエーガーが帰国を拒んだ一九四四年夏。パンチョはフィラデルフィアにいた。ブロードウッド・ホテルの経営にかかわる会合のためだった。

パンチョはそのブロードウッド・ホテルで、驚くほどハンサムな男性に出会った。唇の上に非常に細い口ひげを生やし、名前をドン・シャリタと言った。パンチョより六歳若く、ペルシャ生まれの超売れっ子ダンサーだった。ホテルで、ダンス・スタジオを開いていた。

パンチョは、一目見て恋に落ちた。二人は二週間を、共に過ごす。その後でパンチョは、ドンをカリフォルニアに誘った。シャリタは、ためらうことなく、ついてきた。

それはパンチョに、自身の魅力について、強い自信を与えた。

シャリタは、砂漠の農場での生活を楽しんだ。パーティー、乗馬、射撃、食堂でのダンス。店では魅力的なホストだった。

翌一九四五年七月、二人は届け出結婚した。そして四ヵ月後、シャリタは荷物を纏めて、ロサンゼルスへ移った。

その後も二人は、良い関係を保った。シャリタはしばしば農場を訪れ、パンチョもロサンゼルスに出ると、食事を共にした。

第5章　音の壁

一九四四年、ジェット戦闘機が飛び始めた

遡ること四年、一九四一年四月、第二次世界大戦勃発から一年七ヵ月、陸軍航空隊隊長ハップ・アーノルド少将は、イギリスを訪問した。アーノルドはイギリスに、アメリカがジェット・エンジンの研究に着手したことを示唆した。

しかしアーノルドは、イギリスの事情を知って驚愕する。イギリスは、ホイットルW1ジェット・エンジンを積んだグロスターE28／39実験機を、一ヵ月後に初飛行させようとしていた。

帰国したアーノルドは、ジェット機製造を急ぐ。ホイットル・エンジンの製造をジェネラル・エレクトリック社に、機体製造をベル航空機会社に、担当させた。こうしてアメリカ初のジェット機、ベルXP－59Aエアラコメットが、一九四二年一〇月に初飛行した。

エアラコメットの性能は、期待外れだった。陸軍空軍はベル社の資料をロッキード社に渡し、新

たな開発に着手した。すでにロッキード社は一九三九年末から、独自にジェット戦闘機の開発を進めていた。これがアメリカ二番目のジェット機、ＸＰ－80Ａになる。

一九四四年――第二次世界大戦が終結する前年――ヨーロッパ戦域で、新型戦闘機が続々と登場してきた。

一九四四年五月、ドイツは世界初のロケット推進戦闘機メッサーシュミットＭｅ１６３コメートを登場させた。Ｍｅ１６３は無尾翼機で、しかも後退角（翼の軸線が後方に傾くこと）を持つ翼を使用していた。行動半径は小さかったが、最大速度は時速九五〇キロに達した。

一九四四年七月、ドイツは世界初のジェット推進戦闘機、しかも双発のメッサーシュミットＭｅ２６２を登場させた。Ｍｅ２６２は驚異的性能を持ち、最大速度は時速八二七キロだった。当時、連合国側戦闘機の最大速度は時速七一〇キロ前後で、それを時速一〇〇キロ以上凌駕していた。

次にジェット機を登場させたのは、イギリスだった。イギリス初の実用ジェット戦闘機は、グロスター・ミーティアである。連合国軍側のジェット機のうち、唯一大戦に参加することができた機体だった。ミーティアの初飛行は一九四三年三月、最大速度は時速六六八キロだった。

アメリカ初の実用ジェット戦闘機は、ロッキードＸＰ－80シューティング・スターで、ＸＰ－80Ａの発展型だった。その初飛行は一九四四年一月、最大速度は時速八九八キロだった。ジェット機の飛行試験を担当したのは、ライト飛行場の陸軍空軍資材司令部《エア・マテリアル・コマンド》だった。

一九四五年、イエーガーはグレニスと結婚し、新世代航空機の試験中枢であるライト飛行場に着任した

イエーガーは大尉に昇進し、一九四五年二月、帰国した。イギリスから輸送機で運ばれたが、故郷によらず、カリフォルニアへ飛ぶ。そしてグレニスを連れ、ウエスト・バージニアに戻る。ハムリンで村をあげての歓迎の中、二人は結婚した。

勤務地はテキサス州のペリン飛行場となる。しかし新しい規則で、捕虜となったり敵地脱出に成功した者は、自由に任地を選べることになった。グレニスによれば、

「チャックは地図を広げ、糸で測ってハムリンに最も近い基地を選んだ。そこはたまたま、オハイオ州デイトンのライト飛行場だった」

一九四五年七月、イエーガーはライト飛行場に着任した。日本に原爆が投下され、太平洋戦争が終結する数週間前のことである。

イエーガーは、陸軍空軍資材司令部《エア・マテリアル・コマンド》飛行試験部の戦闘機試験課に配属された。エンジンのオーバ

イエーガーとグレニス，結婚写真（文献5）

ーホールや機体の修理が済んだ航空機を、テスト飛行するのが仕事だった。肩書きは、整備士官補佐だった。

イエーガーが着任したライト飛行場は、新しい世代の航空機、ジェット戦闘機の試験の中枢だった。そこで采配を揮うのは飛行実験部の部長、アルバート・ボイド大佐だった。

ボイドは際立って優秀なパイロットだった。ライト飛行場で、パイロットの尊敬を一身に集めていた。

しかし、決して優しい上司ではなかった。一方で、非常に恐れられていた。イエーガーによれば、

「私がまずい行動をとると、大佐は私を殴り倒した《スワッテッド・ミー・ダウン》。それを示す傷跡も残っている」

ボイドは一九〇六年、テネシー州のランキンで生まれた。ビルトモア大学《カレッジ》で二年学び、一九二七年航空士官候補生に任じられた。一九二八年、カリフォルニア州マーチ飛行場（ロサンゼルスの東八〇キロ）で、最初の操縦訓練を受けた。次いでテキサス州ケリー飛行場で上級の操縦技術を学び、以後各地で飛行教官を務める。一九三五年にはイリノイ州シャヌート飛行場の航空隊技術学校《エア・コー・テクニカル・スクール》を卒業し、その後一九三九年まで、技術・作戦士官としてそこに留まった。そこから飛行試験の世界に足を踏み入れた。

一九三九年、ボイドはハワイのヒッカム飛行場に派遣され、その後、ハワイ航空兵站部の技術部長に任じられた。ここからボイドは、際立つ指揮統率能力を見せるようになる。一九四一年一二月七日（日本時間一二月八日）の日本軍の真珠湾攻撃では、当日朝の勇気ある行動と、その後二週間で

兵站部を回復させた能力を賞賛された。

大佐に昇進したボイドは一九四三年、オハイオ州パターソン飛行場のフェアフィールド航空兵站部に配属された。ここで戦闘機から爆撃機まで、二五機種以上の航空機に精通する。一九四四年、ヨーロッパ第八空軍運用司令部の副司令官に任じられる。そして一九四五年、アメリカに戻り、ライト飛行場の飛行試験部の部長の地位に就いた。


イエーガーにとって、ライト飛行場は楽しい場所だった。飛行試験部のパイロットには、厖大な飛行の機会があった。ここにはあらゆる飛行機があり、航空燃料はいくらでもあった。イエーガーは、飛びたいだけ飛ぶことができた。一日に六時間から八時間飛んだ。

ライト飛行場には、戦闘機のテスト・パイロットが二五名ほどいた。イエーガーは、自分が仲間入りできるとは思わなかった。彼らは花形スターで、ほとんどが工学士の学位を持っていた。当時パイロットは、飛行機を飛ばすだけでよかった。飛ばしたかったら、機付き整備士長《クルー・チーフ》に点検を頼む。各系統やその特性は、クルー・チーフに説明してもらう。

学歴が高校卒のイエーガーは違った。イエーガーは、飛行機のすべてに興味を持ち、あらゆるところを自分で調べた。エンジンやバルブや、たいていの人が欠伸するような各種装置の仕掛けの詳細まで、自分で調べた。イエーガーを他のテスト・パイロットから際立てる最大の特質は、乗機を隅々まで把握していたことだった。

一九四五年、イエーガーはミューロックに短期派遣され、パンチョに出会った

一九四五年八月、P－80シューティング・スターの実用試験が、ミューロック陸軍飛行場で短期間行われた。アルバート・ボイド大佐率いる分遣隊が派遣され、イエーガーも同道した。戦闘機テスト・パイロット六名、P－80六機で、摂氏三八度を超える気温の中、飛行試験が行われた。試験中、シューティング・スターはつねに故障した。このため整備士官イエーガーの飛行時間が、最も長かった。ボイドはイエーガーの飛行ぶりを、そして整備士官としての働きぶりを、つぶさに観察していた。

試験が終わり、一機だけライト飛行場へ、残りはロッキード工場へ戻すことになった。ボイドは、ライト飛行場へ戻す一機の操縦を、イエーガーに命じた。

戦闘機試験課の責任者である少佐は、この措置に不満だった。「大佐、テスト・パイロットが操縦して帰るべきだと思いますが」。ボイドが答えた。「イエーガーは整備士官だが、あの航空機を隅々まで知っている。彼が飛ばして戻すのだ」

ミューロック滞在中のある日の午後、イエーガーとパイロット三人は、砂漠に兎狩りに出た。基地で働く女性二人を連れていた。その中の一人が、喉の渇きを癒すため、パンチョの店に行くことを提案した。

パンチョは、一目でイエーガーを気に入った。陽気で、生意気で、顔立ちも良かった。イエーガ

ーがダブル・エースであることを知り、格闘戦のすべてを知りたがった。

イエーガーも、彼女の話の虜になった。パンチョは下品な言葉を使ったが、魅力的で、愛嬌のあるホステスだった。二人は、すぐ意気投合した。パンチョ四四歳、チャック二二歳だった。

パンチョは超ハンサムの美男子、ドン・シャリタと結婚した直後だった。パンチョは、イエーガーとシューティング・スター・パイロット一人を、シャリタと共にメキシコへ誘った。四人はキャディラックでティファナに行き、一日を過ごした。

ティファナはサン・ディエゴの少し南、国境を三〇キロほど越えたところに位置する。イエーガーには、初めてのメキシコだった。そしてイエーガーは驚く。パンチョは、国境の南で、誰とも顔見知りだった。

一九四五年、ジャッキーは通信員として国外を回り、アーノルド将軍の特別顧問として存在を示した

イエーガーがライト飛行場に着任する二ヵ月前、一九四五年五月、英・米・ソ軍のベルリン占領によって、ドイツは降伏した。軍の大物たちは、自らの存在を示すため、残された太平洋戦域に向かって移動を始めた。八月、原爆投下によって、日本も降伏した。

議会は女性空軍操縦士隊（WASP）の中止を決めた。ジャッキー・コクランは、雑誌「リバティー」の通信員となり、グアム島に姿を現した。ハワイ経由の航空機に座席を確保できたのは、ア

ーノルドがジャッキーを将軍の特別顧問に指名したためだった。

グアムにはトゥーイー・スパーツ、ジミー・ドゥリットル、カーチス・ルメイ（B－29日本爆撃の中心となったサイパン基地司令官）といった、錚々たる将軍たちが来ていた。ジャッキーは、彼らと共にポーカーに興ずる。

大物たちは、戦艦ミズーリ上での日本の降伏文書調印に向かった。ジャッキーは、フィリピン・ルソン島北部の高原都市ハギオでの、山下奉文大将の降伏文書調印に向かう。女性で招かれたのは、雑誌「ライフ」の通信員とジャッキーの二人だけだった。

その後ジャッキーは、日本、中国、イタリア、ドイツを回って帰国した。ジャッキーは第二次世界大戦後最初に日本に入った女性となった。

中国では、本人も誰も、ジャッキーを通信員とは考えなかった。しかし、ジャッキーに出番が訪れた。

中国駐留のアメリカ軍は、報道関係者の滞在を三〇日以内に限っていた。彼らは滞在期限を六〇日に延長し、民間航空が飛ぶハワイまで、軍用機で送られることを希望した。彼らはその交渉を、ジャッキーに依頼した。

ジャッキーは、フロイドの従兄弟のカナダ大使と、最後の切り札、アーノルド将軍の特別顧問としての地位を利用した。報道関係者の願いは適えられ、その功績でジャッキーは、アメリカ戦争記者協会の会員証を手にした。

協会は、ジャッキーに大きな借りがあると考えた。後に協会がニューヨークで催した晩餐会で、ジャッキーは、ドワイト・アイゼンハワー将軍の隣に座る光栄に浴した。

帰国後のジャッキーとフロイドは、ニューヨークよりコクラン・オドラム・ランチで過ごすことが多くなった。フロイドの関節炎は悪化し、車椅子の使用が必要になっていた。医師からは、ベッドに留まり、できるだけ筋肉を動かさないよう指示された。しかしフロイドは怯まず、仕事を続けた。

一九四五年末、ジャッキーは女性空軍操縦士隊（WASP）を創設・指揮した功績で「殊勲章」を授与された。名誉な章で、この上には「名誉勲章」があるだけである。

当初ジャッキーはこのことを、ルーズベルト大統領の付添医師である友人から電話で知らされた。「大統領は表彰状にサインしたよ。大統領がホワイトハウスで直接手渡すことになる」

ジャッキーは言った。「うれしいけど、もし私がそれに値するなら、ハップ・アーノルド将軍のおかげだわ。彼から渡されるのでなければ、欲しくありません」。驚く医師に、ジャッキーは続けた。「合衆国大統領を拒《こば》むことはできないわ。どうか大統領に、私の気持ちを伝えてください。この仕事の機会を与えてくれたのは、ハップなのですから」

授与式は、ハップが重い心臓病から復帰してほどなく、ペンタゴンで行われた。正装に威儀を正した将軍、提督たちの前で、アーノルドは殊勲章を手ずから、涙にむせぶジャッキーに手渡した。

一九四五年、帰国したドゥリットルは爆撃行を共にした隊員を労い、翌年シェル石油の副社長に就任した

ドゥリットルは沖縄からB－29で帰国し、一九四五年九月一日、ワシントンに到着した。

ドゥリットルは日本爆撃行のとき、ホーネットの艦上で隊員に、大パーティーを約束した。それは重慶《チョンチン》では行われなかったが、一二月一四日（ドゥリットルの誕生日）に、マイアミで行われた。二〇〇〇ドルを超える費用は、ドゥリットルが負担した。

全隊員が三日間、マイアミのマクファデン・ドービル・ホテルに招待された。ちなみにこの日までの約三年半の間に、八〇人の隊員中、中国で死亡した七名に加え、さらに一三名が戦死していた。次の集いは、ドゥリットルの経済的事情により二年後の一九四七年に、再びマイアミで行われた。

その夜ホテルの夜警は、支配人に次のような報告を書いた。

「ドゥリットル・ボーイズのために、私の白髪は増えた。昨夜は最悪の夜だった。彼らの大騒ぎを私は大目に見たのだが、一五名ほどは夜中の午前一時にプールに飛び込み、その中にはドゥリットルもいた。夜間は水泳禁止だと注意したのだが、彼らは午前二時三〇分までプールにいた。その後二度も注意したが、無駄だった。彼らは水着のままホールを走り回り、午前五時まで騒いでいた。まさに荒れた夜だった」

ドゥリットルたちがチェックアウトするとき、支配人は彼らに、この報告を見せた。そして、「皆さんは私のホテルでは、好きなだけ大騒ぎをする資格がある」と言い、全員にそこへの署名を

求めた。

一九四六年、ドゥリットルは軍務を離れシェル石油の副社長に就任、ジョーとともにニューヨークのアパート住まいとなった。就任と同時に役員《ディレクター》に選任され、勤務は一九六七年まで続く。シェルの勤務条件《オファー》は、政府関連の仕事をすることを認めていた。ドゥリットルは多くの政府委員会に名を連ねる。以後のドゥリットルは多忙を極める。


一九四五年、ミューロックはジェット機のテスト・センターになり、パンチョの来客用施設は滑走路二本、地域最高のモーテル、プール、ダンスホール、バーなどを持つ飛行宿《フライ・イン》に変貌した

戦争が終結する一九四五年、パンチョはブロードウッド・ホテルの四分の一の所有権、彼女が最後に相続した巨額遺産を、不仲の叔父ホーラスに売り払った。その一部は例によって、客の歓待やメキシコ旅行に費やされた。しかしパンチョはその大部分を、施設の拡充に充てた。

戦争が終わって、民間人の飛行が再開された。パンチョは自分の小さい飛行場に、滑走路二本を加え、横風着陸を容易にした。滑走路には夕刻からケロシン・ランプを灯し、夜間の離着陸も可能にした。

格納庫は、戦前に民間操縦士訓練用に建てたものがあり、パンチョは私有飛行場の所有者となった。飛行場は、パンチョから燃料とオイルを買えば、誰でも無料で着陸できた。

パンチョは来客用の施設を、「パンチョの飛行宿《パンチョズ・フライ・イン》」と名付けた。ロサンゼルスやハリウッドの飛行仲間が早速遊びに来た。軍務を離れた軍人たちも、小型機を駆ってやって来た。

ドゥリットルも、やってきた。大喜びしたパンチョは、最大限の歓待で応えた。翌日、二日酔いのドゥリットルに、パンチョが言った。「ジミー、馬で遠出するといいよ」。パンチョは、特に威勢のいい馬を選んだ。

戻ってきたドゥリットルに、パンチョが尋ねた。「将軍、どうだったい、その暴れん坊は」。ドゥリットルは答えた。「うん、尻の気持ちを良くしてくれたよ《イッツ・ゲイブ・ミー・ア・ハッピー・ボトム》」。

後に飛行宿は、「ハッピー・ボトム・ライディング・クラブ」と名を変える。

ミューロックの基地は、急発展するジェット機のテスト・センターに変貌しつつあった。テスト・パイロットや技師、航空機会社の人間が、続々やってきた。

パンチョは、施設を修理し、建て替え、モーテルを建て、馬を増やし、ロデオ競技場まで加えた。搾乳ビジネスからは手を引いた。

飛行宿に、予想を超える数の人たちが集まり始めた。客は、知人だけではなくなった。パンチョは飛行宿を、会員制のクラブにした。会員証はパンチョ自身が発行した。

第一号の会員証は、申請書なしで、旧友ジミー・ドゥリットルに発行された。陸軍中将が会員であることは、パンチョの飛行宿に最高の威信を与え、かつそれを魅惑的なものにした。

パンチョの飛行宿は、砂漠の中で緑の樹々で囲まれた場所だった。その中央やや北寄りにシンボル的な建物、三階建てのスペイン教会風の塔があった。セメント製だが、石造りに見えた。

塔の下のアーチを抜け北側に進むと、広く細長い中庭にでる。そこには糸蘭《いとらん》や椰子が植えられ、中央に陸軍空軍のエンブレムを象《かたど》った一五メートルの池があった。池の中央には四階層の石造りの塔があり、そこから水が段々滝となって、池に流れ落ちていた。

その中庭の両側には、この地域最高のモーテルが建っていた。各室ともバス付きで、最高の空調装置を装備していた。

教会風の塔の南側は、樹木の茂る広大な庭になっていた。その樹木で囲まれた区画に、大きな建物が二つあり、プールが配されていた。プールは巨大で、円形だった。

パンチョの飛行宿（文献4）

中央に位置する大きな建物には、中に食堂（石造りの巨大な暖炉つき）、ダンスホール、バー（壁には多数の飛行機乗りの写真）があり、母屋を兼ねていた。少し離れて建つ建物は厩舎で、脇に囲いがあった。厩舎には、乗用馬、種馬、競走馬まで、三〇〇頭を超える馬が飼われていた。

飛行場は、四〇〇メートルほど離れた場所にあった。格納庫が三つあり、修理業者のオフィスと休憩室《ラウンジ》があった。小さいエアライン二社と飛行学校一社も、格納庫の一つを使用していた。

パンチョの友人や顧客たちは、自家用機で着くと、古びた駅馬車や軽四輪馬車で、あるいは干し草を運ぶ荷馬車で、モーテルへ運ばれた。飛行場には、一〇〇機が駐機することも珍しくなかった。

しかし事業は、相変わらず無計画で、気まま放題だった。どこで収益が上がり、銀行口座がどうなっているか、パンチョは知らなかった。

浪費も続いた。気に入った馬を見れば、発作的に買った。気に入った人間には、大パーティーを催した。忠実な人間には、馬や車を買い与えた。現れる人間には、むやみに物を——金や食糧や衣類などを——与えた。

パンチョが最も楽しみに迎える客は、基地のパイロットと、その仲間だった。

パンチョのバー（文献1）

彼らにとって、パンチョの店は天国だった。バーは形式張らず、あらゆる酒が揃っていた。食堂の食べ物は素晴らしかった。しかも美しいホステスが多勢揃っていた。

彼らはそこで、飛行のあらゆることを議論した。そこは、非公式のブリーフィング・ルームだった。そして彼らはそこで飲んだくれ、呻き、騒ぎ、欲求不満を解消した。

パンチョは、彼らの仲間の一人だった。彼女はバーのカウンターに立ち、食堂のテーブルに座り、彼らの話を聞いた。彼女は飛行に精通し、最高機密の最新型機についてさえ、詳細を知っていた。

一方でパンチョは、素晴らしい話し上手だった。ハワード・ヒューズの映画作りからメキシコの冒険旅行の話まで、言葉使いは下品だったが、彼らのすべてを魅了した。

一九四五年、音の壁突破を狙う陸軍空軍用実験機、ベル社のXS－1がロールアウトした

一九四五年一二月二七日、ベル社の実験機XS－1が、ニューヨーク州エリー湖の東端、バッファローのベル社工場をロールアウトした。

ベルXS－1は、音速を越えて飛ぶための実験機だった。

なぜ実験機が。遡った説明が要る。


第二次大戦の勃発前後から、高速の戦闘機に不可解な現象が起き始めた。

一九三七年七月、ドイツ、メッサーシュミット社のテスト・パイロット、クルト・ジョルドバウエル博士は、同社の戦闘機Bf109を垂直急降下《バーチカル・ダイブ》に入れた。Bf109は機首を起こすことなく、ミュリッツ湖（ベルリンの北北西約一一〇キロ）に突入した。以後ドイツのテスト・パイロットたちは、音速に近づいたとき機首が下がって機体が激しく振動する状態を、「ジョルドバウエルの事例」とよぶようになった。

航空機が空気に与える乱れ（例えば圧力変化）は、音速（乱れが空気中を伝わる速さ）で周囲に広がる。それは池面に落とした小石が作るさざ波の伝播に喩えられる。

ベル XS－1（文献 8）

航空機の速度が遅いうちは、さざ波は同心円に近い形で、周囲に広がる。しかし速度が音速に近づくと、前方のさざ波の間隔が詰まる。前方では、さざ波が密集するようになる。

飛行速度が音速に達すると、さざ波は機体前方で、玉突き状に蓄積する。そこには「音の壁《サウンド・バリアー》」ができると信じられた。壁はレンガのように堅く、航空機はそれに当たって空中分解する。航空機は音の壁を通り抜けることはできない、と信じられた。

一九三九年、アメリカNACA（航空諮問委員会）の論文は、その種の「壁」が、航空機が音速に達する前に翼面上に「立つ」ことを写真で示した。論文の筆頭著者《ファースト・オーサー》は、後にベルXS－1に多大の貢献をするジョン・スタックだった。

航空機の周囲の気流の速度は、部分的に——例えば翼の上面で——航空機の速度より速くなる。するとそこは、「乱れが玉突き状に蓄積する」場所になる。そこに立つ壁は、学問の世界では「衝撃波」とよばれた。

一九四一年一一月、ロッキードP－38ライトニングの新型機が、急降下から回復できず、尾翼を分離して墜落した。かねてP－38には、急降下で激しい振動が起き、機首が下がって墜落する事故が起きていた。陸軍空軍は、調査をNACAに依頼した。

NACAはP－38の墜落原因を、以下のように解明した。ここでマッハ数（あるいは単にマッハ）

とは、飛行速度を音速で割った値をいう。マッハ一が音速である。

「P－38は、マッハ〇・六七五で主翼上面に衝撃波を発生させ、これが水平尾翼安定板の吹き下ろし（気流の下向き成分）を減じ、機首下げモーメントを作った。また衝撃波が発生すると、気流がそこから剝離し、その剝離流が尾翼を打ち、これが尾翼を分解させた」

一九四三年一二月、NACAのジェット推進に関する特別委員会が、ワシントンで招集された。二〇〇名ほどの出席者の中に、ベル社の研究技師主任、若きロバート・ウルフがいた。

ウルフはアメリカ初のジェット機、ベルXP－59Aの設計にかかわった。彼はその才能を買われ、一九四三年七月イギリスに送られ、彼の地でジェット推進の調査を行った。

ウルフは討論の中で、「特別の高速研究機を作り、遷音速域のデータを収集すべきである」と提案した。音速付近の速度を遷音速域という。マッハ数は通常Mで表す。おおよそだが、M〇・八以下が亜音速、〇・八～一・二が遷音速、一・二以上が超音速である。

さらにウルフは、そのために「空軍と海軍が予算を、企業が製造を、NACAが飛行試験と情報伝達を、それぞれ分担すべきである」と提案した。NACA航空研究部の部長ジョージ・ルイスは、ウルフの提案に強い興味を持った。

一九四四年以後、ドイツ、イギリス、アメリカのジェット戦闘機が飛び始めた。これらのジェット機は、かつてプロペラ機が最大出力の急降下で達成した速度を、水平飛行で楽々と超えた。

アメリカにとって、音の壁の問題を解決することは、必須の課題になった。最良かつ直接的な方法は、遷音速・超音速域を飛行する実験機を開発することだった。

しかし陸軍空軍と海軍には、推進方法について、したがって最終的な性能についても、際立った違いがあった。

陸軍空軍の計画の中心人物は、ライト飛行場の研究開発センターの責任者エズラ・コッチャーだった。コッチャーは一時期、ジェット機XP－59Aの開発にかかわった。コッチャーは、ロケット推進を使うことを考えていた。一気に時速一二九〇キロ（八〇〇マイル）の超音速飛行を狙っていた。

海軍の計画の中心人物は、海軍航空部《ビューロー・オブ・エアロノーティックス》のアブラハム・ハイアットだった。当時NACAは海軍航空部と緊密に連携していて、両者は考え方も近かった。ハイアットは、用心深く《コンサーバティブ》進もうと考えていた。ハイアットは、ジェット推進を使って、時速一〇五〇キロ、マッハ〇・八五を実現することを狙っていた。

この二人の考えが、アメリカ初の遷音速・超音速研究機、陸軍空軍のベルXS－1、海軍のダグラスD－558－1の土台となった。

エズラ・コッチャーは、計画をベル航空機会社に打診した。社長ローレンス・デイル・〝ラリー〟・ベルが、実験機製造を請けた。ベル社は独創的な航空機の製造で知られた。当初の所在地はニューヨーク州エリー湖の東端、バッファローだった。

一九四四年一二月、陸軍空軍、ベル社、協力するNACAの間で、最終仕様がまとまった。陸軍空軍は、最後までロケット推進に固執した。

コッチャーの要請を最初に請けたのは、ラリー・ベルの片腕ロバート・ウッズだった。ウッズは、ロバート・スタンリーとともに、設計チームを招集した。スタンリーは元海軍パイロットで、XP－59Aの初飛行を行っていた。

招集された設計チームは五人ほどで、中心はロイ・サンドストロムだった。ロバート・ウルフは、すでにヘリコプターの開発仕事に携わっていた。

設計チームが最初に行ったのは、設計のためのデータ収集だった。チーム内の二人が、アメリカ各地の主要研究機関を訪ね、翼型、舵面、主翼平面形、胴体形状などに助言を求めた。

多くの人間が、いろいろの意見を述べた。しかし最後の一言は決まって同じだった。「本当は知らないので、わからない」

彼らが訪ねた場所の一つは、ネバダ州アバーディーンの陸軍射撃実験場だった。ここの科学者が二人に、ライト飛行場の弾道研究所を訪ねることを勧めた。

弾道研究所で二人は、「・五〇（直径一二・七ミリ）口径《カリバー》弾がなぜあのような形状をしているのか」、また「遷音速域の空気抵抗の大きさは」と尋ねた。

弾道学の専門家は、抵抗については知らなかった。しかし銃弾が「とがった円弧形《オジバル・シェイプ》」をしている理由は知っていた。「その形状は、弾着散布パターンが最小になる」

一九四五年一月の時点で、ベル社の設計チームは次のような方針を確認した。

「多くの人に会ってわかったことは、超音速飛行については、ほとんど何もわかっていないということである。特に安定性と操縦性については、まったくわかっていない。具体的情報や提案が期待できない状況であるから、設計は我々自身の考えに基づいて進める」

陸軍は、ロケットにリアクション・モーターズ社（RMI）の六〇〇〇ポンド（二七二二キログラム）・エンジンを指定した。RMIは、アメリカ・ロケット工学の先駆者四人が集まり、一九四一年にバージニア州アーリントン北部の車庫に設立した。当時はニュージャージー州の元ナイトクラブに移動していた。

RMIエンジンは、四本のロケット・シリンダーで構成されていた。社での呼び名は6000C4で、これは「六〇〇〇ポンド推力をシリンダー（C）四本で発生させる」を意味した。

各シリンダーは点火器と燃焼室からなり、推進燃料は液体酸素と水で薄めたアルコールだった。制御部、配管、配線を除くと、このロケット・エンジンはステンレス鋼を溶接して作られていた。パイロットは、推力を調整《スロットル》することはできなかった。ただし各シリンダーを、独立に点火ないし燃焼停止することができた。したがってエンジンは、二五％、五〇％、七五％、一〇〇％の各出力で、使用できた。

一九四五年三月一〇日、陸軍空軍航空技術隊司令部はベル社に、ロケット推進で直線翼（左右の翼の軸線がほぼ一直線になっている翼）を持つ実験機を開発する契約を与えた。契約では、ベル社は研究機を三機製造するものとし、設計と製造の費用を、四二七万八五三七ドルとした。

陸軍空軍は、この機にXS－1の名称を与えた。Xは実験機《エクスペリメンタル》、Sは音速《ソニック》を意味した。

NACAはその設計で、二つの大きな貢献をした。一つは主翼に、翼厚比（最大翼圧を翼弦長で割った値）八％と一〇％の薄翼を提案したことだった。ちなみに戦闘機P－51ムスタングの翼厚比は、一四％強だった。

NACAは、水平尾翼の設計でも重要な貢献をした。これにはNACAラングリー研究所のジョン・スタックが深くかかわっていた。その貢献とは、水平尾翼翼厚比を主翼のそれより小さくしたことだった。こうすれば主翼に衝撃波が発生した後も、縦の舵の利きが維持される。

さらにNACAは、水平尾翼を全遊動式《オール・ムービング》にすることを提案した。すなわち従来のように固定した水平安定板に昇降舵を取り付けるのではなく、水平安定板自体を可動にするよう提案した。水平安定板の取付角を変えることで、縦の操縦性が増大する。

全遊動式水平尾翼は、際立って重要な提案だった。それはその後の超音速機が水平安定板に、みなこの方式を採用したことからも明らかである。

陸軍空軍は、XS－1の設計の詳細をベル社の裁量に委ねた。設計チームは、・五〇口径弾の資料を参照し、胴体は弾丸の形にした。操縦室風防《コックピットキャノピー》も突起させることを避け、側面形《プロフィール》を上下対称にした。

XS－1は推進燃料の液体酸素とアルコールのタンクを、それぞれ主翼の前後に搭載した。燃料はそこからエンジンへ、タービン駆動の燃料ポンプ（ターボポンプ）で送られる設計だった。しかし一九四五年四月末の時点で、ターボポンプの開発が遅れることが判明した。

技術部長に昇進していたロバート・スタンリーは、大胆にも、ターボポンプの使用を一時的に諦めることを提案した。燃料供給は、加圧気体で送るブローダウン方式に設計変更された。

ベル社は加圧気体として、高圧の窒素ガスを用いた。このため球形の鋼鉄製窒素ガスタンクを、機体の各所に配置した。これは自重を約一トン増大させ、最大搭載燃料量を三二〇〇キロから二一二〇キロに減少させた。

この結果エンジンの作動時間が、(四本同時使用した場合)当初予定した四・一分から二・五分へと、ほぼ半減した。このため地上発進では、亜音速飛行しかできなくなった。

しかし空中発進なら、ベル社の予想では、XS－1は高度一万五〇〇〇メートルで時速一二九〇キロ(マッハ一・二一)を少し超え、設計仕様を満たした。発進方法は議論が分かれていたが、空中発進で決着した。

空中発進に使用する母機は、積載能力や高空性能から、爆撃機ボーイングB－29が最適だった。B－29は日本爆撃に使用されていて、最初機数が不足していた。しかし一九四五年八月日本が降伏し、この問題は解決した。

一九四五年一〇月、木製の実物大模型《モックアップ》が完成した。陸軍空軍とNACA代表者による審査が行われ、設計が承認された。

一九四五年一二月中ごろ、一号機の完成が近づいた。エンジンは、完成に間に合わなかった。ベル社はXS－1に、赤みがかったオレンジ色の塗装を施した。主翼は翼厚比一〇%のものが使用されていたが、後に八%のものに交換される。

一九四五年一二月二七日、エンジン未搭載のXS－1一号機が、ベル社工場をロールアウトした。弾丸の形をした胴体は、短い脚で低く支えられ、翼は剃刀のように薄かった。機首と左翼端からは速度計と計測用のピトー管が、また、右翼端からは横滑り検出用の管《サイドスリップ・アングル・トランスミッターブーム》が突き出ていた。

一九四六年、ダグラス社の海軍用実験機、スカイストリークの製造が始まった

海軍航空部のアブラハム・ハイアットは、一九四四年九月、時速八〇〇キロを超える遷音速実験機の開発を提案するメモを部内で回覧した。ハイアットの提案は、高速航空機やミサイルを開発したい海軍の心情を代弁していた。一二月、海軍航空部はNACAに、協力を要請する文書を送った。海軍航空部は、純粋の実験機では開発を正当化できないと考えた。このため軍用規格を満たす航空機の試作に向かった。NACAは実験機を欲したが、海軍の状況に配慮を示した。実験機の試作は、長く海軍の急降下爆撃機を製造してきたダグラス社が請けた。

海軍とNACAは、ダグラス社に設計のガイドラインを与えた。海軍は、陸軍がベル社に対してそうであったように、ダグラス社に大幅な自由裁量を与えた。基本的要求は、軍用に供する設計でなくてもよく、自力で離着陸し、低速の飛行性に優れ、取得するデータが軍用機設計に役立つこと、だった。

設計チームは、最初五人ほどで構成された。本拠地は、ロサンゼルス空港の南側に隣接するダグ

ラス社エル・セグンド工場だった。チームの中心は、エル・セグンド工場の技師長《チーフ・エンジニア》エドワード・ハインマンだった。

ハインマンはスイス生まれのアメリカ人で、航空機設計ですでに知られていた。ダグラス社製の双発爆撃機Ａ－20ハボック、Ａ－26インベーダー、単発急降下爆撃機ＳＢＤドーントレスは、ハインマンの指揮下で設計された。ドーントレスは、ミッドウェー海戦（一九四二年六月）でアメリカが日本海軍の空母四隻を撃沈したとき、主役となった艦載機である。

ハインマンは、予備的な設計を海軍とＮＡＣＡに示した。それは、のちに戦闘機として生産されることを見込んだ設計だった。設計チームの基本方針は、「最強のエンジンを囲う最小の航空機」を作ることだった。

設計チームは、エンジンは、ジェネラル・エレクトリック社が空軍用に開発中のＴＧ－１８０ターボジェットを想定した。そして海軍が、翼厚や空気取入口の位置を変えて、六機試作することを想定した。

一九四五年一月、ダグラス社はこの機をＤ－５５８高速試験機《ハイ・スピード・テスト・エアプレーン》と命名した。最初の案では、胴体は、ＴＧ－１８０エンジンをかろうじて内蔵できる太さしかなかった。小さい風防が胴体から少しせり出し、その前方は計測器類の搭載場所になっていた。そこは将来、機銃搭載場所になることを想定していた。

一九四五年二月、海軍とＮＡＣＡは、設計を研究目的型に修正するよう要請した。ダグラス社は再設計に応じた。一九四五年五月九日（第二次世界大戦ヨーロッパ戦勝記念日の翌日）、海軍はＤ－

558計画を承認した。

ダグラス社は、六機の試作が認められた。エンジンはすべてTG－180を使用し、六機の違いは、空気取入口の位置や翼厚比の違いにあった。

最初のモックアップ審査は、一九四五年六月に行われ、空気取入口を機首に配することになった。次のモックアップ審査が八月に行われ、ここでD－558計画が二つに分岐した。すなわち、直線翼でターボジェットを搭載するD－558－1と、後退翼でターボジェットとロケット推進を併用するD－558－2を試作する計画に、分岐した。

後退翼の導入は、一九四五年五月にヨーロッパに派遣された海軍技術代表団に、設計チームの二人が加わったことに遡る。二人はドイツ空気力学試験所《アエロダイナミッシュ・ヘルズークスアンシュタルト》ゲッチンゲン研究室で、後退翼の風洞模型と、関連する種々の報告書を発見した。それらはマイクロ・フィルムに収められ、アメリカに急送された。

後退翼とは、胴体に対し斜め後ろ向きに取り付けられた翼をいう。その取付角（後退角）を大きくすると、衝撃波の発生が遅れる。例えば三五度の後退角を用いると、衝撃波の発生する速度が、ほぼ一・二二倍に増大する。

一九四五年の初夏、NACAのジョン・スタックはダグラス社に、D－558に後退角三五度の翼を採用するよう要請した。しかしジェット推進だけでは推力不足で、後退翼を採用する利点がなかった。計画が分岐したのはこのためで、D－558－2はターボジェットとロケット推進を併用することになった。

ダグラスＤ－558－1スカイストリーク（文献8）

ジェット推進の直線翼機Ｄ－５５８－１については、「最強のエンジンを囲う最小の航空機」という方針が維持された。胴体はＴＧ－１８０エンジンをぎりぎり囲う円筒形になり、ジェット燃料は翼内に搭載され、主脚も翼内に収納された。

Ｄ－５５８－１では、主翼は翼厚比一〇％のものが採用された。また水平尾翼はＸＳ－１と同様に全遊動式《オール・ムービング》で、主翼より薄い八％翼厚比のものが使われた。

一九四六年三月、ダグラス社はＤ－５５８－１三機の製造を開始した。ダグラス社は機の呼称を「スカイストリーク」とした。

一九四七年四月、最初のスカイストリークが、エル・セグンド工場で完成した。ダグラス社は可視性を考慮し、スカイストリークに濃い赤の塗装を施した。このため機は、「真紅の実験管《クリムゾン・テスト・チューブ》」とよばれた。

一方Ｄ－５５８－２は、後退翼導入により、構造が複雑化した。またＤ－５５８－１の胴体内に、ロケット・エンジンとその燃料まで搭載することは不可能だった。

Ｄ－５５８－２は、再設計された。胴体を太くし、主脚とジェット燃料を胴体内に収納した。また胴体形状を弾丸に近づけるため、機首の空気取入口を胴体左右下側に移した。主翼、水平尾翼、操縦系統などは、D－558－1と同じ設計が踏襲された。

ジェット・エンジンは、小型のウェスティングハウス24Cエンジンに変えられ、これは離着陸用とされた。ジェット排気は胴体下面の排気管《ベントラル・テイル・パイプ》を通り、下向き約八度に排出された。

ロケット・エンジンは、XS－1と同じリアクション・モーターズ社の6000C4ロケット・エンジンになった。ただしエンジンへの燃料供給には、ターボポンプ使用が想定された。

ダグラスD－558－2スカイロケット（文献8）

後に海軍はダグラス社に、D－558－2の三機の試作を認める。ダグラス社の呼称は「スカイロケット」で、一号機は一九四七年一一月、チャック・イエーガーの歴史的なマッハ一の飛行の一ヵ月後に完成する。

スカイロケットは、NACAの要請で白に塗装された。そのころNACAは、すでにモハーベ砂漠で、オレンジのXS－1や赤のスカイストリークを飛ばしていた。それらは写真撮影上難があり、黄褐色の砂漠では目立たなかった。その後XS－1もスカイストリークも、塗装を白に変える。

一九四六年、パンチョは次なる夫マックと出会い、大病を患うも回復した

飛行宿が繁盛する過程で、パンチョは次の夫となる人と出会う。二人が初めて出会うのは一九四六年の春、彼はユージン・マッケンドリーといい、通称マックで通っていた。背の高いハンサムな元空軍士官で、戦時中は爆撃機パイロットだった。帰還するや、離婚を強いられた。妻は四歳の男の子リチャードを残して去った。

パンチョは、一目でマックに魅了された。彼女はマックをまず、奇術師の巡業に使用しているダグラスDC－3の操縦をさせた。次いで彼に、農場の仕事と家を——彼女のベッドを——提供した。マックは二六歳、パンチョの息子ビリーとほぼ同年齢で、パンチョは四五歳だった。

当時パンチョは、ハリウッドからの訪問者たちと適度に情事を楽しんでいた。しかしマックとの関係を深め、彼の息子リチャードの面倒も見た。リチャードはパンチョを、「おかあちゃん《マム》」とよんだ。

ちなみにパンチョの息子ビリーは、二十代半ばになっていて、結婚していた。ビリーは農場で、パンチョに次ぐ地位を望んだが、パンチョは許さなかった。これまでビリーは、パンチョのボーイ・フレンドとは仲良くやってきた。しかしマックが第二の地位につくのを受け入れるのは、容易ではなかった。

一九四六年夏、パンチョは高血圧が原因で、網膜出血した。当時高血圧の進んだ治療は、交感神経切除だった。脊柱を左右それぞれ四五センチ切り開く大手術で、パンチョはこれをミネソタのメ

イヨー・クリニックで受け、回復した。この間マックは、移送のDC－3の操縦や病院での看護で、献身的にパンチョを支えた。

一九四六年、ジャッキーはビジネスに励み、ドゥリットルと親交を保ち、ベンディックス・レースにも出場した

軍務を離れたジャッキーは、ニューヨーク滞在中は、週に何回かは化粧品オフィスで働いた。あるいはニュージャージーの化粧品施設に顔を出した。

一方で、年間平均一万五〇〇〇キロほど、自らの操縦で飛んだ。ジャッキーの社の製品を置いている得意先やデパートの関係者と会うためだった。

そんなジャッキーに、ジミー・ドゥリットル将軍から電話があった。「どうしているかね、ジャッキー」「将軍、私、またレースに出たいと思っていますの」「ほんとかね、うらやましい」「将軍こそ、シェルやワシントンで、もてもてじゃありませんか」「それなんだがね……」

ドゥリットルは、陸軍空軍パイロットが作った親睦団体、空軍協会《エア・ホース・アソシエーション》（AFA）の初代会長をさせられているという。「ジャッキー、ちょっと助けてほしいんだ」。聞けばAFAは大赤字で、破産寸前なのだという。

ジャッキーは、夫フロイドの力を借りて、その手当をした。さらに名目AFA主催の晩餐会《バンケット》をニューヨークで催し、大成功を治めた。そこには三五〇〇人を超える重要人物が馳せ参じた。

それは晩餐会の主賓に、陸軍参謀総長に就任したアイゼンハワー大将を据えたからだった。

ジャッキーがドゥリットルに電話で話したレースだが、戦争が終わり、軍は過剰になった航空機を売りに出した。誘惑抗し難くジャッキーは、ノースアメリカンP－51ムスタングを手に入れた。この傑作戦闘機も、価格はなんと三〇〇〇ドルと少々だった。

ジャッキーはこれで、一九四六年夏のベンディックス・レースに出場した。主翼から機銃を取り外し、そこを燃料タンクに変えた。さらに航続距離を増すため、落下可能な燃料タンクを主翼下につけ加えた。

レース途中、このタンクが離脱せず、不利な状態で長時間の飛行を強いられた。しかしクリーブランドまで四時間五二分で飛び、六分遅れで二位に入った。ちなみに三位までを、すべてムスタングが占めた。

一九四六年六月、高校卒の学歴が負い目のイエーガーが、才能を見抜いた上司ボイドの勧めで、テスト・パイロット課程を修了した

オハイオ・ライト飛行場ではチャック・イエーガーが、学歴のないことに負い目を感じていた。一方でイエーガーは、操縦技量は誰よりも自分が上だと考えていた。このためテスト・パイロットたちに模擬空中戦を挑み、容赦なく痛めつけていた。

テスト・パイロットたちは、イエーガーに対する悪感情を増大させた。そのような雰囲気の中で、イエーガーに空中戦を挑んだパイロットが一人いた。ロバート（ボブ）・フーバー中尉、技量は互角だった。二人は仲良くなり、互いに相棒とよぶようになる。

ボブ・フーバーは第二次世界大戦時、英国で戦闘機スピットファイアに乗り、戦った。五八回出撃し、撃墜されて一年間捕虜生活を送った。フーバーは最終学歴は高校卒で、伝説的技量の持ち主だった。エンジンが停止してライト飛行場に戻ってきたときのこと。通りかかったトラックの上に降りて跳ね上がり、金網の柵を飛び越えて着陸したという。

一九四五年秋、イエーガーとフーバーは組んで航空ショーを始めた。第二次世界大戦後、航空ショーはたいへんな人気だった。ライト飛行場にはジェット戦闘機P–80シューティング・スターがあり、ショーの要請が殺到した。二人は、どこへでも出掛けていって飛んだ。

テスト・パイロットたちも、エア・ショーでシューティング・スターを飛ばせた。しかしP–80が故障すると、彼らはそれを残して、民間の旅客機で帰った。すると修理班が派遣され、イエーガーが飛ばして戻ってくる。

イエーガーは、具合が悪い箇所があれば、たいてい自分で修理できた。自分でできなくても、機付き整備士に手伝わせれば、修理できた。ショーで飛ぶ人間の中で、常に独力で帰れる数少ないパイロットの一人だった。

このようなことが、アルバート・ボイド大佐の目にとまった。一九四五年一一月のライト飛行場の一般公開日、ボイドはエア・ショーの飛行を、二五名の戦闘機パイロットを差し置き、整備士官のイェーガー大尉に命じた。イェーガーも、渾身の飛行を披露した。

数日後、ボイドはイェーガーをよび、「テスト・パイロットになりたくないか」と尋ねた。イェーガーは、「興味はあるが、教育がない」と答える。ボイドはイェーガーに、テスト・パイロット課程の履修を勧めた。

一九四六年一月から六ヵ月間、イェーガーはライト飛行場のテスト・パイロット課程を受講する。ここでテスト・パイロットとしての基礎訓練を受ける。すなわち、指示通り正確に飛ぶことや、それを基に報告書を作ることを学ぶ。

この課程を、ボブ・フーバーもともに履修した。さらにこの課程でイェーガーは、後にボブとともにイェーガーを補佐するもう一人の重要人物、爆撃機パイロットのジャック・リドリー中尉に出会う。リドリーは、オクラホマ大学機械工学学士とカリフォルニア工科大学航空工学修士の学位を持つ秀才だった。

リドリーはパイロットとして優れた技量の持ち主だった。同時に、技師としての聡明さが飛び抜けていた。リドリーは物事を把握する能力が優れていた。例えば空気力学の仕組みがわかるだけでなく、それを仲間に、わかりやすく伝える能力があった。

一九四六年八月、XS－1の動力飛行試験場にミューロック陸軍飛行場が選ばれ、パイロットにベル社のスリック・グッドリンが選ばれた

XS－1一号機が完成した一九四五年一二月の末、ベル社には陸軍空軍《アーミー・エアー・フォーシイズ》から、ボーイングB－29スーパーフォートレスが届いた。

ベル社はこの機の爆弾倉扉を取り外し、XS－1を胴体下部に（懸け吊りして）収納できるようにした。

爆弾倉前部右側に、伸展可能なはしごが取り付けられた。パイロットははしごを伝って降り、XS－1には、胴体右側の四角なハッチから乗り込む。ハッチはその後、四角なドアで塞がれる。

NACAは、ラングリー研究所近辺での飛行試験を希望した。ベル社と陸軍空軍は、人里離れた場所での試験を希望した。XS－1は完成していたが、ロケット・エンジンは未完成だった。結局空中発進と滑空試験の試験場として、陸軍はフロリダ半島中央部オーランドの、パインキャッスル飛行場を選んだ。

XS－1のパイロットは、ベル社のチーフ・テスト・パイロット、ジャック・ウーラムズだった。一九四六年一月から三月にかけて、パインキャッスルで一〇回の滑空飛行《グライド・フライト》が行われ、ベル社は結果に満足した。六月五日、XS－1とB－29は、ベル社のナイアガラフォールズ工場（バッファローの北北東約三〇キロ）に戻された。

動力飛行には、さらに人里離れた、広大な場所が必要だった。それに適する唯一の場所として、ミューロック陸軍飛行場が選ばれた。

一号機がパインキャッスルにある間、ベル社は当初意図した薄翼、翼厚比八％の主翼と六％の尾翼を、ほとんど完成した。これらの翼は、まず完成寸前のXS－1二号機に付け替えられた。

リアクション・モーターズ社の最初のロケット・エンジンは、一九四六年三月末に受領試験をパスした。このエンジンも、二号機に搭載されることになった。

二号機へのエンジン装着準備、試験室《テスト・セル》での試運転、燃料弁の不具合と交換などで、暦は八月に入る。同じ八月、一号機にも八％主翼と六％尾翼の付け替えが始まった。

一九四六年八月末、二号機の動力飛行の準備はほぼ完了した。ここでパイロット、ジャック・ウーラムズに事故が起きた。

ウーラムズはエア・レース愛好者で、一九四六年のトンプソン・トロフィー・レースに出場する予定だった。レースの三日前の八月三〇日、オンタリオ湖で、出場機（ベル社製の戦闘機P－39エアラコブラ）のエンジン・テスト中、湖に墜落して死亡した。

社長ラリー・ベルはXS－1のパイロットに、テスト・パイロットのスリック・グッドリンを選んだ。グッドリンは二三歳で、独身だった。ウーラムズが結婚していたことに、ラリー・ベルはひどく心を痛めていた。

九月の第一週、ベル社は陸軍空軍資材司令部《エア・マテリアル・コマンド》（AMC）とNACAに、グッドリンがXS－1のパイロットになることを通知した。XS－1計画は、陸軍航空機研究・開発の中心AMCの管轄下にあった。

九月中旬、グッドリンは技術部長ロバート・スタンリーに会い、XS－1の飛行契約について議論した。スタンリーはベル社が担当する試験飛行で、亜音速も超音速もグッドリンが飛ぶことについて同意した。

報酬について、二人は次のように合意した。すなわち、グッドリンは亜音速飛行に対し、一万ドルを受け取る。超音速飛行に対しては、一五万ドルを五年間に分けて、受け取る。

ここで亜音速飛行とは、ベル社が契約履行を軍に示す受領飛行《アクセプタンス・テスト》に必要な、マッハ〇・八までの飛行だった。スタンリーは、この飛行はAMCとの契約内になることをグッドリンに伝えた。

一方、超音速飛行とは、音の壁を破り、さらにその後に行われる危険な飛行を意味した。こちらはその時点で、ベル社とグッドリンの間の契約になるはずだった。

スタンリーは計画が遅れていることを伝え、グッドリンに早急に、動力飛行を行うカリフォルニアに向かうことを求めた。グッドリンは新車の四六年フォードを駆って、西へ向かった。

報酬の委細は、双方の弁護士任せとなった。両者の話し合いは、一九四七年にもつれ込む。

一九四六年九月、音速突破一番乗りを目指すイギリス・デハビランド社のスワローが墜落し、音の壁の存在は確実視された

イギリスは飛行の先進国だった。すでに一九四三年秋、航空機製造省は画期的な航空機の仕様書、E24／43を作製した。仕様書は高度三万六〇〇〇フィート（一万九七三メートル）でマッハ一・五一の実験機を要求し、当時世界で最も遠大なプロジェクトだった。

これはエンジン、機体構造、操縦技術に関し、全く未知の分野への挑戦だった。航空機製造省大臣スタフォード・クリップス卿は、この超音速機M52の製造にマイルズ航空機会社を指名した。F・G・マイルズ率いるこの会社は、木製羽布ばりの練習機やスポーツ機を主に製造してきた。しかしその設計は、独創的かつ野心的だった。プロジェクトは大戦真っ直中の一九四三年一〇月、極秘裡に開始された。

マイルズはM52の形状を、弾丸の形を参考にして定めた。主翼、尾翼の上下面も、弾丸状の円弧形だった。主翼翼厚比は付け根で七・五％、翼端で四・五％、水平尾翼は全遊動式《オール・ムービング》だった。

エンジンは、燃焼缶にアフターバーナーを装備するものだった。アフターバーナーとは、エンジン排気に燃料を噴射して燃焼させ、推力を増強する装置である。アメリカが実用機に使用するのは、一九四九年に初飛行するノースアメリカンF－86Dセイバードッグである。マイルズM52の設計は、当時としては驚くほど、時代に先駆けていた。

終戦翌年の一九四六年の初頭、M52の詳細設計の九〇％は完了していた。組み立て治具《ジグ》（部材を固定する装置）も用意され、改良ジェット・エンジンのファンも製造されていた。原型機三機を製造する機材の用意も終了し、初飛行は夏に予定されていた。

しかし一九四六年二月、軍需省の航空科学研究部の長官ベン・ロックスパイザー卿は、マイルズに文書で、「M52の製造を中断し、すべての研究を中止する」ことを伝えた。

軍需省は、この契約解消を秘密にした。しかし一九四六年七月、記者会見でロックスパイザーは、M52の中止には触れなかったが、次のように述べた。

「音速を超えて飛ぶことには、多くの問題が伴う。それがいかに危険かを、我々はまだ承知していない。超音速機の出現が迫っているとされるが、それは全くの誤りである。超音速飛行の問題は、ロケット推進の試験機《モデルズ》で調査できる。我々はパイロットに、高速試験機《ハイ・スピード・モデル》を操縦してくれと頼む勇気はない。我々はそれらを、無線操縦で飛行させることになるだろう」

高速飛行に野心を持つのは、マイルズ社だけではなかった。ジェフリー・デハビランド卿率いるデハビランド航空機会社も、その一つだった。

ジェフリー・デハビランドは、第一次世界大戦を航空機製造会社エアコで軍用機設計者として過ごし、彼の名DHを冠した航空機の設計を始めた。戦後の一九二〇年、ロンドン北西のハットフィールド飛行場を本拠に、デハビランド航空機会社を設立する。ここでDH9以後の番号の航空機を、次々に開発した。

例えばすでに述べたエアコDH4は、第一次世界大戦で最大級の成功を収めた機体だった。またDH98モスキートは、第二次世界大戦時の高速戦闘爆撃機で、スピットファイア、ランカスター(四発大型爆撃機)と並び、当時のイギリスを代表する機体だった。

社長ジェフリー・デハビランドの長男、ジェフリー・デハビランド二世《ジュニア》は、デハビランド社の主任テスト・パイロットだった。ベン・ロックスパイザーが超音速飛行から英国の撤退を公表した一九四六年夏、デハビランド二世は音速突破を目指し、DH108スワローの飛行試験に忙殺されていた。

デハビランド社は、後退翼無尾翼機DH108スワローを、二機製造していた。DH108は、文字通り燕《スワロー》を思わす形をしていた。一号機は低速時の、二号機は高速時の、無尾翼機の特性を調べるために製造された。スワローは国の支援を受けた研究機でなく、飛行は軍需省の決定に影響されなかった。

完成を急いだデハビランド社は、単発ジェット戦闘機デハビランド・バンパイアの胴体を利用した。これに後退翼の主翼と垂直尾翼をつけ、ゴブリン・ターボジェット・エンジンを搭載した。バンパイアはイギリス第二の実用ジェット戦闘機で、一九四三年九月に初飛行したが、第二次世界大

デハビランド DH108 スワロー（文献 8）

ジェフリー・デハビランド二世（文献 8）

戦には間に合わなかった。

ジェフリー・デハビランド二世は、テスト・パイロットとして顕著な実績を有した。一九三五年、前任者の死によって、デハビランド社のチーフ・テスト・パイロットとなった。一九四〇年以後、デハビランド社製のすべての航空機の初飛行を行うようになった。

デハビランド二世は、DH108スワローで速度記録の更新を狙っていた。実は一九四六年九月七日、英国空軍のE・M・"テディー"・ドナルドソン空軍大佐が改良型のグロスター・ミーティアFマークⅣ戦闘機で、時速九九一キロの世界記録を樹立していた。

当時の記録飛行は、気圧高度一一〇〇フィート（三三五メートル）以下で行うことが要求された。デハビランド二世は新記録樹立のためには、ドナルドソンの記録を少なくとも一パーセント超えることが必要だった。

デハビランド二世は、九月末の記録更新を目指した。彼は九月中ごろから、記録飛行のための練習を開始した。彼は低空で、DH108の速度を少しずつ上げた。

九月二七日の金曜日、午後五時三〇分、ジェフリー・デハビランド二世はDH108の二号機、高速試験用のTG306で滑走路に向かった。

この飛行では、二つの試験を行うことになっていた。まず推力を全開せずに急降下し、水平定常最大速度より少し速い速度の操縦性を確認する。

次いで水平飛行に移り、最大速度を確認しつつ操縦性を調査する。この試験のいずれもがうまくいけば、次の火曜日に、速度記録樹立の飛行を行う予定だった。

この飛行はデハビランド二世にとって、DH108による五一回目の飛行だった。これまで彼は、低速用一号機（TG283）と高速用二号機（TG306）の両機で、飛行試験を行ってきた。八月二三日以後は、すべて高速用のTG306で飛んでいた。また九月二七日は二度飛び、午後五時三〇分からの飛行は、この日二度目の飛行だった。

前日の九月二六日には、四度飛んでいた。その四度目の飛行、高度二七〇〇メートルで、（ドナルドソンの記録を三・二パーセント超える）時速一〇二五キロを記録していた。誰もが、デハビランド二世の記録更新を疑わなかった。

しかし王立航空研究所の専門家は、懸念を表明していた。彼らは、低高度で音速に近づくと、強い機首下げが起こり、衝撃波が発生して機体が失速し、空中分解する危険があると警告していた。

このような状況下、デハビランド二世の五一回目の飛行が行われた。ハットフィールドを離陸したスワローTG306は、南へ、テムズ川河口に向かって視界から消えた。

夕暮れの河口は、快晴だった。

事故の第一報は、スワローTG306が離陸して三〇分後にもたらされた。

英国空軍大尉と妻が、テムズ川河口北側のキャンベイ島を散策していた。二人は鋭いジェット・エンジン音と、金属の破壊音を聞いた。二人は三つの破片が、河口南側のエジプト湾沿いの川面に落下するのを目撃した。

何人もが、スワローがテムズ川河口を低空で高速飛行し、分解するのを目撃した。モスキートのパイロットが、河口南側エジプト湾沿いの湿地帯で、残骸を発見した。ジェフリー・デハビランド二世の遺体は、一〇日後に岸に漂着した。

事故調査で、残骸の大半が回収された。操縦席の計器盤を撮影したフィルムも回収された。フルムは現像可能だった。

スワローは、激しい振動の間に操縦不能に陥り、空中分解したことが判明した。デハビランド二世は、スワローを臨界《クリティカル》マッハ数を超えて飛行させたと推測された。

流れが局所的に音速に達するマッハ数を、臨界マッハ数という。ここを超えると衝撃波の影響が急増する。飛行は、当時の技術レベルでは、未知の領域に入る。

「航空機は音の壁を通り抜けることはできない」

事故は、この予言に信憑性を与えた。同時に、有人超音速飛行から撤退したイギリス政府の決定が、「正しかった」ことを思わせた。

一九四六年一二月、ミューロックの動力飛行でXS－1はマッハ〇・八を達成した

ジェフリー・デハビランド二世墜死の三日後、一九四六年九月三〇日、NACAラングリー研究所の計測要員一三名が、ミューロックに到着した。

一九四六年一〇月七日、XS－1二号機を積んだB－29が、ハロルド・〝パピー〟・ダウ操縦で、

ベル社のナイアガラフォールズ工場を出発した。

翌日、飛行試験時にXS－1を追跡《チエイス》する（追跡機《チエイサー》という）P－51ムスタングが元テスト・パイロットでXS－1企画担当技師《プロジェクト・エンジニア》のディック・フロストの操縦で、また、人員輸送用の輸送機C－47スカイトレインがベル社の分遣隊を乗せて、それぞれ出発した。

一〇月一一日、スリック・グッドリンによるミューロックでの最初の滑空飛行が成功した。その後、一〇月中に二度の滑空飛行が行われた。ここから約一ヵ月間、保守、点検、小改良が行われる。一二月九日、最初の動力飛行に成功した。さらに一二月中に、グッドリンは二回目の動力飛行を行った。翌一九四七年一月中には六回飛行し、高度一万二〇〇〇メートルでマッハ〇・八を達成した。XS－1の応答特性は良く、「マッハ〇・八で良好な操縦性・安定性を実証する」契約条項は達成された。

一九四七年三月、戦闘機による飛行試験機結果は音の壁の存在を明確に予言した

亜音速飛行と超音速飛行の違いは、池を泳ぐ水鳥と運河を疾走するモーターボートの違いに喩えられる。水鳥は動く速さが遅いので、水面の乱れ（波）はほぼ円形に広がる。一方モーターボートは動く速さが大きいので、乱れは舳先から左右に走る放射線状の波に沿って広がる。この放射線が、衝撃波に相当する。

左の写真は、銃弾が曳く衝撃波を示す。銃弾の速度はマッハ二程度である。これはシュリーレン

写真といって、流れの圧力変化（正確には密度変化）の急な部分を影で示している。後の一九五一年に出版されたヒルトンの教科書『高速空気力学』に掲載されたものである。

さてモーターボートも、速度が充分遅いうちは、波はほぼ円形に広がる。そしてモーターボートが速度を増し、その速度が波の伝わる速度――すなわち音速――に一致すると、波はモーターボートの前方で密集し、流れに直角に「立つ」。これがすなわち、マッハ一の飛行に相当する。

このとき、航空機に何が起こるか。それはベルの設計チームがいみじくも指摘したことだが、ほとんど何もわかっていなかった。

しかし、新しい研究成果も現れ始めていた。

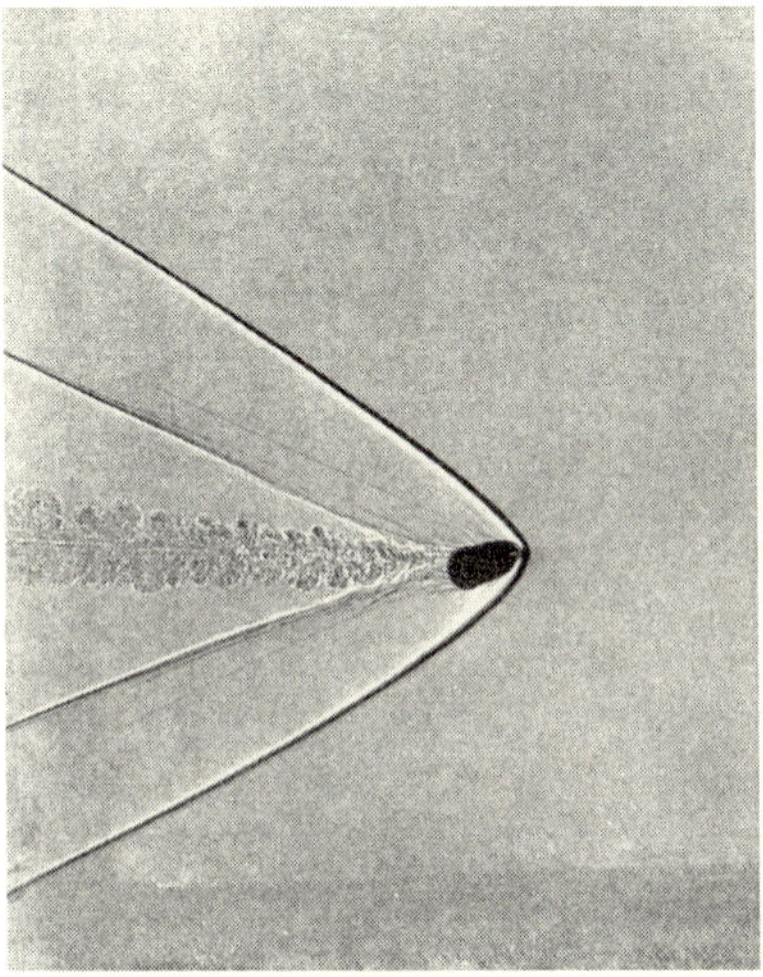

銃弾の曳く衝撃波（文献 27）

一九四七年、リープマンとパケットによる『圧縮性流体の空気力学入門』が出版された。音速の影響を考慮した空気力学の、最初の優れた教科書の一つだった。

教科書は、マッハ数が一（音速）に近づくと、翼面上の圧力が「無限大になる」と予測した。教科書はその趨勢を示す曲線を図で示し、NACAが行った実験データでそれを裏づけていた。ただし実験データは、まだマッハ〇・七までしかなかった。そしてそのデータは、予測曲線

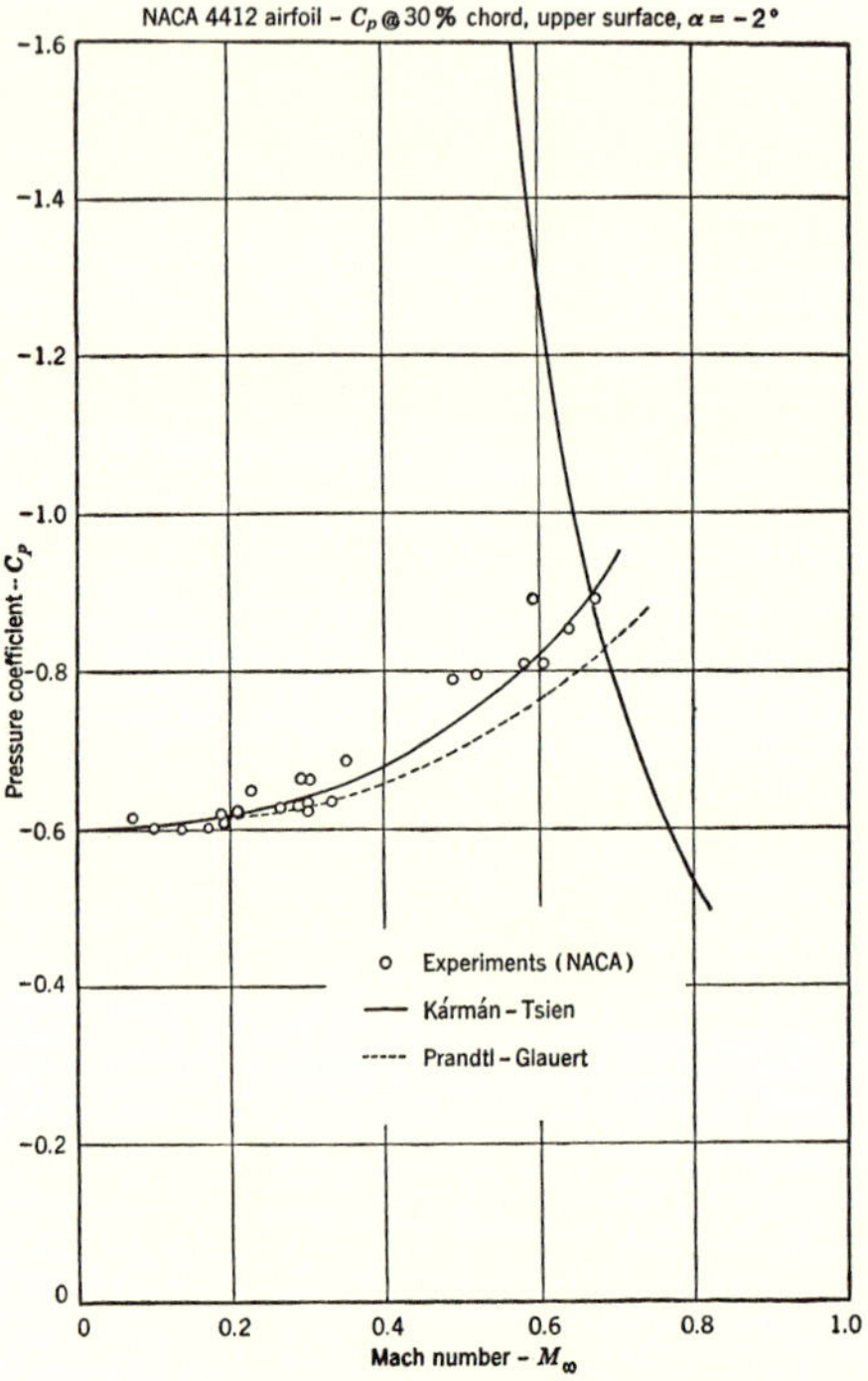

FIG. 15·2. Pressure coefficient versus Mach number.

リープマンとパケットの教科書に掲載された図．2本の右上がりの曲線は，NACA4412翼の上の1点の圧力係数とマッハ数の関係を示す．右下がりの曲線は，理論の適用限界（文献25）．

によく合致していた。したがってその図（右図参照）は、速度が音速に近づいたとき、圧力が無限大に向かって急増することを強く印象づけた。

しかもこの図は、教科書の最終部分に現れる。教科書では、重要事項が最後の章に書かれることが多い。この意味で右の図は、著者たちが強調したいことの一つのように見えた。

教科書に書かれる内容は、学会の最先端の成果より通常数年遅れている。リープマンとパケットが教科書執筆に励んでいたころ、NACAラングリー研究所のビーラーとジェラードは、主翼断面の形状抵抗係数の測定を実機で行っていた。

形状抵抗係数は、空気抵抗の本質的部分を示す無次元の数値である。それに動圧（流体圧力のうち速度に関係する部分）と基準面積を掛けると、実際の抵抗（厳密には揚力がないときの空気抵抗）になる。
結果は、リープマンとパケットが教科書を出版したのと同じ一九四七年の三月、NACAの

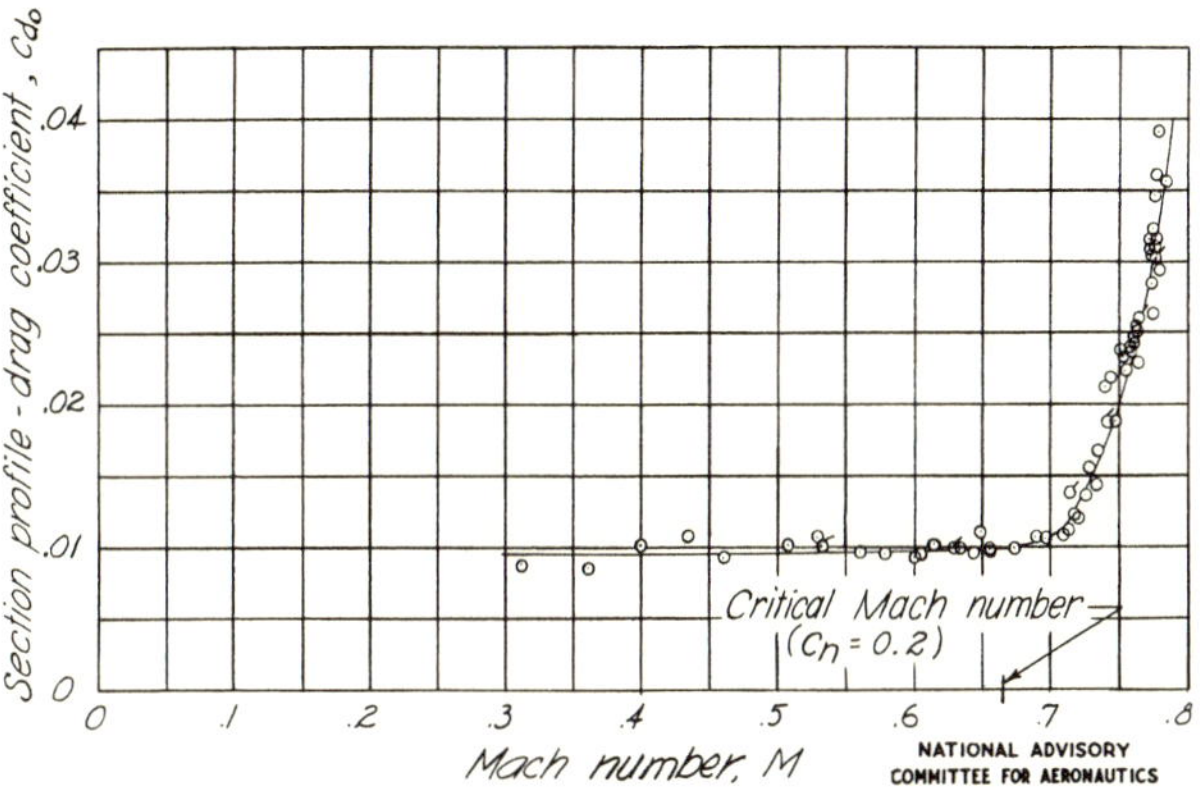

NACA の飛行試験結果．抵抗の急増ぶりは，超音速飛行の歴史に関するハリオンの名著『超音速飛行』で言及される程に，衝撃的であった（文献 26）．

技術覚書《テクニカル・ノート》TN1190として公表された。ビーラーとジェラードの測定は、飛行マッハ数〇・七八にまで及んだ。

二人は実験に、ノースアメリカンP−51ムスタング戦闘機を使用した。ムスタングは、上昇限度近くの高度約九二〇〇メートルから、パワー・オフの急降下を行ってデータを得た。

その主要結果も、図（上図参照）で示されていた。形状抵抗係数は、マッハ〇・七までは、ほぼ一定値を示していた。しかしそこを過ぎると急増し、マッハ〇・七八付近では四倍に達し、しかもそこからほぼ垂直に——無限大に向かって——急増していた。

この結果は、衝撃的だった。多くの人が、航空機の速度が音速に近づくとき、抵抗は限りなく増

大すると信じた。そここそが、音の壁だった。

音の壁に挑む危険さは、デハビランド二世の死以後、強く認識されていた。しかし、そこで何が起きるかは、誰にもわからなかった。少なくとも、音の壁を越えて生きて帰った人間は、まだいなかった。

そこには、衝撃波失速《ショック・ストール》（衝撃波による剝離《はくり》）による不確かさがあった。その衝撃波は、あちこち動き回り、激しい振動を発生するはずだった。

フラッター（構造振動が空気力を増大させる不安定現象）とのかかわりが、問題をさらに複雑にした。フラッターは、速度を増していくと必ず起こり、機体を一瞬に破壊する。そのメカニズムは、当時はわかっていなかった。

速度が亜音速から超音速に変化すると、翼に働く空気力の風圧中心が移動する。翼の風圧中心は、亜音速では翼弦の二五パーセント近くにあり、それが超音速では、五〇パーセントに後退する。このことは、当時すでに予想されていた。したがってそのとき、激しい機首下げが起こるはずだった。しかし、そのとき何が起こるか。その後どうなるか。これも、誰にもわからなかった。

一九四七年五月、ＸＳ－１の飛行試験はベル社から陸軍空軍の手に移り、スリック・グッドリンは辞表を叩き付けた

一九四七年二月、ミューロックでグッドリンは、構造強度と振動発生の限界《バフェット・バウンダリー》を確かめる飛行を四回行った。この間マッハ〇・四〜〇・八で荷重倍数八・七g（揚力を重量の八・七倍にする）の引き起こしを行い、これによって機体強度が実証された。同時にリアクション・モーターズ社のロケット・エンジンの性能も実証された。

一九四七年三月、前年に薄翼とエンジンを装着していたXS－1一号機が、飛行可能になった。四月五日、一号機はB－29でミューロックに到着、一〇日に滑空飛行が、翌一一日には動力飛行が行われた。

当初陸軍空軍は、マッハ〇・八までの実証試験を終えた後、ベル社と別の契約を結んで、高遷音速域の飛行を行うことを考えていた。しかし計画は変更され、XS－1の試験飛行は陸軍空軍が引継ぎ、主導することになった。

計画変更の最大の要因は、予算だった。戦後の予算削減で陸軍は、ベル社の希望に沿う予算を確保できなくなった。一方ベル社にとって、ミューロックの飛行は常に遅延し、費用のみ嵩んだ。XS－1は、採算がとれない事業になっていた。

この計画変更には、予算以外の問題も絡んでいた。議会では一九四七年春から夏にかけて、空軍の（陸軍、海軍からの）独立が議論された。（陸軍）空軍にとって超音速飛行計画を掌握することは、自らの威信を高め、議会の支持を得るのに有利だった。

一九四七年五月初旬、陸軍空軍は、「ベル社からXS－1の試験飛行をすべて引き継ぐ」ことを決定した。陸軍空軍資材司令部《エア・マテリアル・コマンド》（AMC）の飛行試験部部長アルバート・ボイド大佐は、ベル社の社長ラリー・ベルに電話し、「ベル社のテスト・パイロットは、以後、超音速飛行を担当しない」ことを伝えた。

超音速飛行を達成すれば、ベル社はグッドリンに一五万ドルの報酬を支払う。技術部長ロバート・スタンリーとスリック・グッドリンの間には、この約束があった。ただし、口約束だった。グッドリンがミューロックに出発後、ニューヨーク市在住の彼の弁護士はベル社と、この約束について作業を進めた。しかし一九四七年春まで、詳細は未定のままになった。

ミューロックにいるグッドリンは、ベル社がAMCとの契約で、困難に直面していることを知らなかった。一方、技術担当副社長に昇進していたスタンリーは、一五万ドルに対するベル社の反発を理解していた。そして一九四七年五月には、ベル社のXS－1計画はなくなってしまった。

六月、スタンリーはグッドリンの弁護士に、「グッドリンと個人的用役契約に入れない」ことを通知した。さらにスタンリーはグッドリン宛にもう少し長い手紙を書き、「当初の契約に基づき、追加の三五〇〇ドルを支払う用意がある」ことを伝えた。

この手紙は、ミューロックのグッドリン宛に書かれた。スタンリーはバッファローに、グッドリンはミューロックにいる。スタンリーは手紙の写しを、ナイアガラフォールズのグッドリンのデスクにも置いた。

ベル社は、ミューロックの飛行施設を閉鎖した。ベル社がミューロックの人員をバッファローに戻すのは、六月九日である。ナイアガラ・フォールズに戻ったグッドリンは、スタンリーの手紙に動転し、スタンリーの変節を詰《なじ》る。結局グッドリンは、辞表を叩き付けた。

一九四七年六月、イエーガーはXS-1の主《プライム》パイロットに選ばれた

XS-1の飛行試験がベル社から陸軍空軍の管轄に移り、その采配は飛行試験部部長アルバート・ボイド大佐の手に移った。大佐は、ミューロックのテスト要員を選ぶ責任者でもあった。一九四七年五月、XS-1パイロットの志願者を募ることが公にされた。多くの戦闘機テスト・パイロットが志願し、イエーガー、フーバー、リドリーもその中にいた。

ボイドは、最初からイエーガーを第一候補と考えていた。操縦の技量、正確さ、冷静さで、イエーガーに優る者はいなかった。

六月中旬、ボイドはイエーガーをオフィスに呼んだ。ボイドはイエーガーの反応を見るため、イエーガーに重圧をかけた。一時間以上質問したが、その間、終始気をつけの姿勢で立たせておいた。

ボイドは、本心では未婚のパイロットを望んだ。イエーガーは結婚しているだけでなく、すでに二児の父だった。ボイドが問う。「結婚しているのか」。質問の真意を酌み、イエーガーは答えた。

「結婚していると、空中でより注意深くなります」

イエーガーは、関門を通り抜けた。ボイドはイエーガーを、XS-1の主《プライム》パイロットに選んだ。

ボイドはさらに、代替要員《バックアップ》パイロットにボブ・フーバーを、飛行計画担当技師《フライト・テスト・プロジェクト・エンジニア》にジャック・リ

ドリーを選んだ。いずれも、イエーガーの意見を入れてのことだった。

当時テスト・パイロットの世界には、徹底した序列があった。イエーガーは、ライト飛行場で下位のテスト・パイロットだった。ボイドの選考は型破りであるだけでなく、勇気のいる決定だった。

一九四七年六月第三週、ボイドはイエーガー、フーバー、リドリーをバッファローのベル社に送った。三人はここで、社長ラリー・ベル、技術担当副社長ロバート・スタンリー、XS－1企画担当技師《プロジェクト・エンジニア》ディック・フロストなどに会い、XS－1計画について説明を受けた。

ラリー・ベルは、偉大なセールス・マンでもあった。彼が「オレンジの怪物」の売り込みを終えるころ、イエーガーたちはXS－1で、「天国の門を通り抜け、天使の翼をつけて戻ってくる」気にさせられていた。

ベル社の研究室は、ホラー映画そのものだった。零下摂氏一四七度の液体酸素の槽から、霧が立ち昇っていた。XS－1は、片側が開いた格納庫内で、コンクリートの床に鎖で固定されていた。イエーガーは、コックピットに入ってエンジンを点火するように言われる。スイッチを一つ押し込むと、火焔が格納庫の外へ、六メートルも飛び出した。イエーガーは、両手で両耳を覆った。

二つ目のスイッチを押し込んだ。機体が、鎖に抗して揺れだした。格納庫が揺れ、漆喰や埃が濛々と舞った。

同じ六月の第三週、アルバート・ボイドはミューロックにいた。ここで、特別改造を加えたシューティング・スターP－80Rで、速度記録更新を狙っていた。

ボイドは直線三キロのコースを低空で四度飛び、平均時速一〇〇四キロの速度世界記録を樹立した。

これはアメリカによる、実に二四年ぶりの陸上機による速度世界記録の更新であった。それは一九二三年に、海軍の〝アル〟・ウィリアムズ大尉が複葉の競技機カーチスCR−3で、時速四二八キロの世界記録を樹立して以来の出来事だった。

ボイドが破ったのは、前年に英国空軍〝テディー〟・ドナルドソン大佐が出した時速九九一キロの記録だった。この記録こそ、それを破ろうとしたジェフリー・デハビランド二世を墜死させた、因縁の記録だった。

ボイドの世界記録更新は、ジェット機開発の先端がアメリカに移ったことを示す、象徴的な出来事だった。

一九四七年七月、陸軍空軍の飛行試験チームはミューロックに移動し、イエーガーはパンチョと再会した

一九四七年六月三〇日、陸軍空軍資材司令部（AMC）とNACAの代表者が、AMCのあるライト飛行場で会合を開いた。ここで以後のベルXS−1計画の大綱が決められた。彼らは遷音速飛行の研究を、以下のように二つに分けて行うことを決めた。

一つはAMCの飛行試験部が行う加速飛行《アクセラレーテッド・フライト》で、マッハ一・一までの遷音速域の現象を調べ

る。この飛行にはXS－1一号機を使用し、安全性の許す限り、可及的速やかに、できるだけ少数の飛行で、これを行う。

もう一つはNACAが行う飛行で、急がず詳細な調査を行う。こちらはXS－1二号機を使用し、遷音速域の安定性、操縦性、飛行荷重などを調査する。

陸軍空軍の一号機は、速度、加速度、舵面位置、昇降舵操舵力などの計測装置を搭載していた。NACAの二号機には、それらに加え、角速度、横すべり角、補助翼と方向舵の操舵力の計測装置が追加された。

両機とも、六チャンネルの遠隔計測器《テレメーター》を搭載していた。これにより飛行中に速度、三舵の位置、高度、上下方向加速度を地上に送信できた。それは「機を失っても、何が起きたかを少しは知る」ための用意だった。

七月二六日、陸軍空軍資材司令部の飛行試験チームがナイアガラフォールズを出発した。彼らはデンバー経由で七月二七日、ミューロックに到着した。

ボイドはB－29のパイロットに、ロバート（ボブ）・カーデナス大尉を選んだ。カーデナスは、単なるB－29のパイロットではなかった。ミューロック派遣部隊の管理責任者を兼ねていた。

前日、トルーマン大統領は空軍の独立を承認する法案に署名した。もしXS－1がマッハ一を超えれば、それは合衆国「空軍」最初の大きな成果になると期待された。

空軍専用の試験機は、XS－1一号機である。操縦するイエーガーはこの一号機の機首に、白で縁取りされた赤字で、「グラマラス・グレニス」と描かせた。これをイエーガーは、独断で行った。XS－1は、極秘の実験機である。陸軍空軍は、それを快く思わなかった。後の公式発表の写真では、「グラマラス・グレニス」は消されている。

ベル社はすでに、ミューロックの試験施設を閉鎖している。しかし陸軍空軍資材司令部はベル社を通して、XS－1の企画担当技師《プロジェクト・エンジニア》ディック・フロストに協力を求めた。フロストは、イエーガーの飛行に随伴して飛ぶことになる。

ディック・フロストは多才な人間だった。テスト・パイロットからスタートし、アメリカ初のジェット機XP－59Aから爆撃機B－29まで、多数の機種を操縦した。試作段階の戦闘機P－39Aの事故からは、自力で脱出した。それはパイロットが生存した史上最高速の脱出と言われた。

母機B－29とXS－1（文献8）

イエーガーによれば、「ディックは航空機が心の底からわかっていた。我々はミューロックに来て、熱気のこもる部屋で彼の話に耳を傾け、彼が描く図を見つめた」。それは場所を換え、パンチョの店まで続く。

八月六日、イエーガーはXS－1一号機で、最初の滑空試験を行った。ボブ・カーデナスが高度五五〇〇メートルで、XS－1を切り離した。フロストとフーバーが、P－80からそれを見守った。イエーガーは機の操縦特性が、満足すべきものであることを知る。

翌八月七日、イエーガーは二度目の滑空試験を、そして八月八日、最後の滑空試験を行った。イエーガーはXS－1に慣熟する。降下中に、随伴して飛ぶフーバーと模擬空中戦を行うまでになる。

イエーガーはパンチョと再会した。パンチョは非常に喜んだ。イエーガーは多くの時間を、パンチョの店で過ごした。

ある夜、イエーガーとフーバーがバーで飲んでいたときのこと。パンチョがフーバーに尋ねる。「ボブ、なんだってお前さんは、まだ中尉なんだい？」

フーバーは肩をすくめ、何か理由を説明した。「そんな、めっちゃひでえ扱いがあるかよ！」。パンチョはバーの電話を取り上げるや、ダイヤルした。それはワシントンのスパーツ将軍の、電話帳に載っていない電話番号だった。

「トゥーイー」パンチョが言う。「ここに若い中尉がいるんだ。名前はボブ・フーバー、めっちゃすげえいい子なんだよ……」。フーバーは、息が止まったような顔をする。脇でイエーガーが、息がつけないほど笑い転げる。

別の夜、イエーガーとフーバーがバーで飲んでいると、ダグラス社のテスト・パイロット、ジーン・メイがやってきた。「お若いの、あんたらは、どうして音より速く飛べると思うんだ」

フーバーが答えた。「そうですねえ、ミスター・メイ。イエーガー大尉も私も、あなたより、あるいはあなたの知っている誰より、ジェットで長く飛んでいます……。ですがミスター・メイ、あなたはどうして、我々が飛べないと考えるんですか」

パンチョが、このやりとりを聞いてやってきた。「そうさ、ジーン。この二人はよ、お前さんなんざぁ追い越しざま、お前さんの尻を蹴っ飛ばし、眼ん玉をぶったたき、衝撃波の屁をこいてくよ」

イエーガーはスリック・グッドリンとも、パンチョの店で顔を合わせた。イエーガーが尋ねる。「あん畜生《ザッツ・バガー》を飛ばすのに、二、三知りたいことがあるんだが、教えてもらえないかな」グッドリンが答えた。「陸軍が一〇〇〇ドルの契約をしてくれたら、喜んですぐ力になるよ」。イエーガーは言う。「わかったよ、スリック。お前が飛ばせたんだから、俺にもできると思うよ」

そこへ、パンチョが割り込む。「スリック。イエーガーがいくら稼ぐか、あんた知ってんの？月に二五〇ドルだよ。あの、くそっXS-1に乗って、時間当たり二ドルだよ」

一九四七年八月、ミューロックに移り住んだグレニスは、荒涼たる砂漠に驚くも、そこでの生活やパンチョの面倒見に同化した

XS-1は極秘計画だった。ミューロックの陸軍空軍関係者は一三名だけで、彼らには格納庫二棟とかまぼこ形兵舎、そして何室かの部屋があてがわれた。

一行は、ライト飛行場からの臨時派遣任務だった。すなわち男たちは、独身士官用の兵舎に住めた。しかし妻たちは、そこに住めない。基地内で夫婦がともに住むことは、当時規則で禁じられていた。

グレニスはそれまでハムリンで、イエーガーの両親の家に住んでいた。週末、イエーガーが可能なときは、ライト飛行場から三〇〇キロ離れたハムリンへ、飛行機で帰ってきた。しかしミューロックからだと、三四〇〇キロの距離になる。二人はミューロックでは、一緒に暮らすことに決めていた。

八月、グレニスは生まれて数ヵ月の次男ミッキーを義母に預け、二歳になる長男ドナルドを連れてカリフォルニアに飛ぶ。ロサンゼルス空港に迎えに来たイエーガーの車で、三人はミューロックへ。

ミューロックに来て、グレニスは驚く。

そこには、何もなかった。格納庫と建物がいくつかあるだけ。それが太陽光を反射して、光っていた。風は止むことなく唸り続ける。荒涼たる眺めに、グレニスは息を呑んだ。

二人は車を借りて、家探しをする。しかし、住宅は植物よりまばらだった。苦労のすえ、基地から五〇キロほど離れたザブラウスキー牧場の離《ゲスト・ハウス》れを借りる。

新居は、日干しレンガ造りの家だった。キッチンと居間はあるが、寝室は一つしかない。ドナルドは、寝台兼用のソファーで寝た。後に来るミッキーは、赤ん坊の遊び場、組み立て式の囲いの中で寝ることになる。

パンチョは、店に来る客の家庭生活には立ち入らない主義だった。しかしイエーガー一家に対しては別だった。パンチョは一家を、一週間やそれ以上の長さで、モーテルに滞在させ、プールを使わせ、料金は取らなかった。

パンチョはイエーガーには、際立っておおようだった。食事代、酒代は絶対に払わせなかった。パンチョはイエーガーに、中古だが大型オートバイの英国の名車、トライアンフをプレゼントした。また定期的に、狩りや釣りの旅に誘った。

そのような旅の一つ。パンチョは自家用のスチンソン（高翼単発機、二人乗り）で、一緒にメキシコに飛ばないかと誘った。パンチョが操縦した。パンチョは、イエーガーが舌を巻くほどうまく操縦した。

パンチョはまずエルモシヨ（サン・ディエゴの南東七〇〇キロ、国境の南二五〇キロ）に飛んだ。そこでは市長が、パンチョを昔馴染みのように迎えた。二人は料理とテキーラの大接待を受けた。

翌朝三人は馬で、ヤキ族インディアンの村に向かった。一日がかりでそこに着くと、彼らはパンチョを女王のように迎えた。彼らは三人を、馬による鹿狩りに案内した。

パンチョとイエーガーは、さらにグアイマス（エルモシヨの南一三〇キロ、カリフォルニア湾に面す）に飛ぶ。そこでパンチョは旧友たちを集め、マカジキ釣りを楽しんだ。イエーガーも大いに楽しんだ。

それはパンチョ流の豪華な時間の過ごし方だった。

しかしもう一つの狙いは、イエーガーの注目を引くことだった。

グレニスにとってミューロックの生活は、原始的だが楽しいものだった。野兎を狩ったり、パンチョの店へ食事に出かけたり、そこで馬に乗ったりした。

パンチョは、美味しいステーキを食べさせてくれた。パーティーやダンスやバーベキューで、すばらしい一時を過ごさせてくれた。

イエーガーは、家でじっとしていることができなかった。何かしていないと、そわそわし、落ち着かなくなった。

家を借りた農場主には、娘が一人いた。土曜の夜など、その娘が子守をしてくれた。それはグレニスにとって、何よりの楽しみのときだった。

グレニスはチャックと一緒だと、パーティーから帰るときすら、はらはらした。ヘッドライトにコヨーテが現れる。チャックは、道路を外れて湖床を追跡する。コヨーテは時速八〇キロで走る。追いつくと、チャックは向きを変え、もと来た方向へ疾走する……。

一九四七年八月二八日、海軍のスカイストリークがマッハ〇・八六を記録した

母機B−29は、オーバーホールの不備で、修理や部品交換が必要になる。XS−1一号機は、部品不足などが判明し、その入手に手間どる。陸軍空軍の動力飛行の準備が完了するのは、一九四七年八月下旬になる。

この間ミューロックでは、別の進展があった。陸軍空軍に迫る海軍の動きが活発化した。

八月四日発売の著名な航空週刊誌「エビエーション・ウィーク」は、「海軍が近々、アルバート・ボイド空軍大佐が六月にP−80Rで打ち立てた速度の世界記録を破るであろう」と報じた。

海軍の「真紅の実験管《クリムゾン・テスト・チューブ》」ダグラスD－558－1スカイストリーク、その一号機は、一九四七年四月一〇日、ミューロックに到着した。一号機は性能評価用の社用機で、ダグラス社のテスト・パイロット、ジーン・メイにより、四月一五日に初飛行した。そして八月五日の第二〇回の飛行までに、ジーン・メイはマッハ〇・八五を記録した。

この八月、D－558－1二号機も、ミューロックに到着した。二号機はNACA用で、八月一五日、ジーン・メイがまず、契約社側の飛行を行った。翌日、海軍中佐《コマンダー》ターナー・コールドウェル・ジュニアと海兵隊少佐《メイジャー》マリオン・カールが、それぞれ二度の飛行を行った。

二人は徐々に速度を上げげた。八月二〇日、コールドウェルが一号機で、平均時速一〇三一キロの世界記録を樹立、ボイドの記録を更新した。八月二五日、カールはスカイストリーク二号機で、平均時速一〇四七キロを記録、コールドウェルの記録を更新した。

さらに八月二八日、海軍大佐《キャプテン》フレデリック・トラップネルが一号機で評価飛行を行い、マッハ〇・八六を記録した。

真紅のスカイストリークが、連日のように記録を書き換える。ミューロックの人たちの目は、いやがうえにもXS－1に集まる。陸軍空軍にとって、時間は切迫していた。

一九四七年八月二九日、イエーガーは最初の動力飛行で、手順を無視してマッハ〇・八五に到達した

イエーガー初の動力飛行は、一九四七年八月二九日に行われた。イエーガーは、マッハ〇・八を超えないよう、強く指示されていた。また燃焼管《チェンバー》（ロケット・シリンダー）は一度に一本のみ点火し、燃焼室圧をよく監視することになっていた。この飛行はデータ収集というより、イエーガーを慣熟させるための飛行だった。

午前七時、XS－1一号機に推進燃料が搭載された。三二〇ガロン（約一二〇〇リットル）の液体酸素と、二九〇ガロン（約一一〇〇リットル）の希釈アルコールが搭載された。液体酸素は摂氏零下一四七度である。水蒸気の霧が渦巻き、オレンジ色の胴体の下部が氷結した。

B－29は、カーデナスの操縦で離陸した。高度二一〇〇メートル、イエーガーははしごを下りる。リドリーが後からついてくる。B－29は上昇を続ける。

爆弾倉内は、吹き込む風とエンジンの音が、耳をつんざく。XS－1の機体のほとんどは、B－29の胴体外に出ている。はしごには、風よけの覆いがついている。しかし搭乗時は、猛烈な気流と騒音の中を、はしご伝いに降りることになる。

座席横の四角いハッチへ、足から入り込む。腰、肩を入れ、最後に頭を入れる。臀の下に、座席型落下傘を付けている。これはクッション代わりのようなものだ。

落下傘を使うチャンスは、まずない。ひとたび飛び始めたら、無事着陸する以外、機外には出ら

れない。ハッチの後方には、ナイフの刃のような主翼が控えている。

イエーガーが機内に納まると、上にいる乗員が滑車装置《プーリー》で、ドア（ハッチの蓋）を降ろす。リドリーが受け取り、ドアをハッチにあてがう。イエーガーが内側からロックする。

イエーガーはヘルメットをつけ、酸素マスクで口を覆う。マスクのコードを接続し、通信装置を作動させる。これでB－29機内と、追跡するP－80シューティング・スター二機との交信が可能になる。

そのころ二機のP－80は、ミューロックを離陸する。ディック・フロストは、母機の下側後方につく。フロストは、XS－1の諸系統を熟知している。緊急時に備え、投下を後方から見守る。ボブ・フーバーは、高空をカバーする。一六キロ前方、高度一万二〇〇〇メートルを飛び、最初はイエーガーの目標となる。イエーガーが追い越した後は、できるだけ長く、彼を視界に収めて飛ぶ。そしてイエーガーが湖床に着陸するときの随伴機となる。

イエーガーは、投下前チェックリストを始める。素早く完了し、それをリドリーに伝える。リドリーが用心深く応ずる。「のんびりやんな《テイク・イット・イージー・サン》」

機内は、震えるように寒い。すぐ後ろに積まれている液体酸素のためだ。イエーガーは、これから一五分間、歯を食いしばるしかない。あの暑くすばらしい砂漠の日射を感ずるまで、冷凍貯蔵室の中で仕事に集中するような状態になる。

B－29は高度六一〇〇メートルに上昇、カーデナスが「投下五分前」を伝える。チェイサーのボブ・フーバーとディック・フロストは、位置についている。

イエーガーは、アルコール・タンクと液体酸素タンクを加圧する。圧力を再度確認する。次に燃料投棄システムを、点検のため少時作動させる。それを下側後方につけているフロストが確認する。カーデナスが「投下一分前」を伝える。

一〇秒前から秒読み《カウントダウン》開始、カーデナスの単調な声が響く。高度六四〇〇メートル、計器速度時速四一〇キロ、イエーガーは「投下」の声を聞く。XS－1は爆弾懸架用の二つの鉤《フック》から外れ、母機を離れる。

XS－1は一瞬宙に漂い、落下を始める。陽光に目が眩む。イエーガーは、一五〇メートルほど落下する。切り離しから約一五秒経過、イエーガーは第一チェンバーを点火。

XS－1は突進する。第一チェンバーを停め、第二チェンバーを点火、それを停めて第三チェンバーを点火する。速度はマッハ〇・七に増大。

ちなみに、チェンバーを一本ずつ使用すれば、ロケットは一〇分間使用できる。二本だと五分間、四本全部点火すれば二分半しか使えない。なお推進燃料が減るごとに、機体は軽くなり、速度は速くなる。

第三チェンバー点火までは、手順書《フライト・カード》に従う飛行だった。しかし、ここでイエーガーはスロー・ロール、ゆっくりした三六〇度横転を行った。

追跡《チェイス》しているフロストが、驚いて送信する。「何とまあ《マイ・ゴッド》……、それは予定にないぞ、イエーガー」

背面になると、液体酸素の液面がタンクの排出口に達せず、エンジンが停止する危険性がある。フロストは警告を発したが、遅かった。

イエーガーは、興奮でわくわくしていた。用心深いテスト・パイロットから、戦闘機乗りになっていた。えーい、やってしまえ。かつてない並はずれのマシンで、青い空が暗く見えるところまで来ている。真っ直ぐ地上に戻るわけにはいかないのだ。

裏返しになったXS-1は無重力《ゼロg》状態になり、酸素タンクの圧力が落ちて、エンジンが停止した。ロールを戻したイエーガーは、第三チェンバーを再点火する。

さらに第三チェンバーを停め、第四チェンバーを点火、それも停めて機首を下げる。動力なしの降下に入る。

降下中、推進燃料を少し放出、投棄システムの作動を再確認する。機体が蛇行《スネーキング》している。グッドリンも最初の動力飛行で、これに遭遇していた。

燃料量と液体酸素量を表示する針が、機体運動に同期して揺れている。推進燃料の動揺《スロッシング》によるものとイエーガーは確信する。スネーキングをフロストに報告、フロストは受信を確認。

フロストは、別の心配を始める。イエーガーは、ものすごい速さで降下している。その理由がわからない。「おい、どこへ行くんだ」。イエーガーから返信。「下のお偉方に、本物の飛行を見せてやる」

降下で、XS-1は急速に加速していた。フロストは写真撮影用のP-80で追跡している。突然フロストは、自分がマッハ〇・八を超えて飛行していることに気づく。機体が激しく揺れ、震動している。

高度一五〇〇メートル、イエーガーは引き起こしを開始した。第一チェンバーを点火、ミューロックの主滑走路に向かう。機は管制塔の横を通過、浅い上昇に入る。イエーガーは残りのチェンバーを、順次素早く点火した。

イエーガーは背当てに叩き付けられる。フル・パワーのXS－1は、尾部から一〇メートルの炎を噴いて急上昇する。

機首はほとんど真上を指す。空は黒さを増し、青い空は見えない。「もはや飛行機ではない。ロケット花火《スカイロケット》だ。飛んでいるのではない。虎の尾を握っているのだ」

イエーガーは機首を上げる。速度を、指示されたマッハ〇・八以下に保とうとする。しかし効果はない。機は急角度で九〇〇〇メートルへ一気に上昇した。

マッハ計は、じりじりと上がる。マッハ〇・八三、高度一万一〇〇〇メートル。イエーガーは第四チェンバーを停止し、バレル・ロールに近い操作で減速し、水平飛行に戻そうとする。ようやく機首が下がり、正常姿勢へ。このとき高度九一〇〇メートル、この間にマッハ〇・八五を記録した。

イエーガーは全エンジンを停止した。残りの推進燃料を投棄し、滑空で湖床に向かう。

途中、マッハ〇・七付近で、三～四gの（揚力が重量の三～四倍の）加速失速《アクセラレーテッド・ストール》（揚力が重量より大きい状態での失速）を何度か試みる。舵の利きを試し、操縦可能であることを確認。湖床へ無事着陸した。

デイトンのライト飛行場へは、飛行の成功がただちに通報された。ただしイエーガーが予定外の飛行をした部分は、注意深く省略された。

飛行自体は陸軍空軍にとって、誇れるものだった。マッハ一・〇八五は、これまでの最高速である。それを、最初の動力飛行で実現した。ベル社からの移管で遅延した計画が、再び動き始めた。しかし、喜びは急速に萎む。ボイド大佐が怒りを爆発させるのは、明らかだった。イエーガーが咎めなしですむと考える者は、いなかった。

フロストはラリー・ベルに、電話で飛行の成功を伝えた。ベルはくすくす笑って言った。「ボイドがこの話を聞くまで待て。彼はあの子に勲章をやるか、大目玉を食らわすか、どっちかだ」

ボイドはライト飛行場で、飛行試験の報告を読んだ。その目は指揮官として、厳しい光りを宿していた。読み終えたボイドは、少時怒りを爆発させた。

しかしボイドは、微笑みを抑えることができなかった。パイロットとして、ボイドはイエーガーの心情を理解した。イエーガーは立派な仕事をした。しかしこの飛行は、承認した飛行とは違う。

ボイドは、祝意を厳しい言葉に変えた。イエーガー宛のメモには、次の言葉があった。

「指示したマッハ数を超えた理由について、じきじきに説明を聞きたい。ここライト飛行場で、空軍パイロットと航空機の価値について、貴君に説明した。空軍は、貴君や航空機を消耗品とは考えていない。高速に挑むのは、徐々に、安全に、最良の判断で行ってもらいたい」

イエーガーは、不安と誇りの混じった気持ちで、このメモを読んだ。メモは、イエーガー個人宛に書かれたものだった。結語は、敬具《シンシアリー》と書かれていた。

イエーガーはリドリーの助けを借りて、鄭重な返事を書いた。飛行の詳細を説明した後、イエーガーは、「飛行手順を無視することは二度と繰り返さない」ことを誓った。

第6章　音速突破

一九四七年九月一二日、イエーガーは五回目の動力飛行でマッハ〇・九二に到達した

二回目の動力飛行は一九四七年九月四日に行われ、計器速度でマッハ〇・八六五が記録された。このデータはＮＡＣＡと陸軍空軍の解析で、マッハ〇・八九であることがわかった。

九月一二日、五回目の動力飛行で、イエーガーはマッハ〇・九二に到達した。ここで陸軍空軍は、一時的にテストを中断した。昇降舵や水平安定板の利きと、衝撃波発生に伴う激しい振動《バフェッティング》に関し、慎重な検討が必要だった。

この間を利用し、イエーガーとフーバーはライト飛行場へ向かった。九月一六日、次に述べる空軍独立の前日、デイトンに到着した。二人はボイドに、これまでの飛行を説明した。

その後イエーガーは、故郷ハムリンに足を延ばした。自分の車に生後五ヵ月のミッキーを乗せ、ミューロックまで連れ帰るためだった。

一方フーバーはデイトンに留まり、結婚した。帰路、新郎新婦もイエーガーの車に同乗した。四人は遠路遙々旅をし、ミューロックのイエーガー宅にたどり着く。

車の中は、酷い臭いだった。実は到着三〇分前、ミッキーはおむつを汚した。フーバーの新婚の妻コーリーンが、おむつを替えようとした。イエーガーが、それを止めた。「グレニスに、道中ずっとおむつを替えなかったと思わせよう」

グレニスは、玄関から走り出て迎えた。イエーガーが、赤ん坊をグレニスに渡す。グレニスが言う。「あなただって、おむつぐらい替えられるでしょうに」

チャックは答えた。「とんでもない。臭いが少しは減ると思って、もう一枚毛布でくるんだんだよ」

一九四七年九月一七日、陸軍空軍は独立して合衆国空軍になり、折しもジャッキーは、空軍省長官を魅了した

そのころ、ジャッキーはアーノルド将軍の下で、将軍かねての悲願、空軍独立のキャンペーンに加わった。

ジャッキーは化粧品ビジネスで、全米を飛び回る。そのかたわら各地で、空軍独立を支援する講演活動を行った。アーノルドは部下のスピーチ・ライターを、ジャッキーに同行させた。

このような経緯でジャッキーは、ミズリー州選出上院議員スチュワート・サイミントンのオフィ

スへ陳情に赴いた。サイミントンは、ジャッキーを女流飛行家と知っていた。しかし、おてんば娘ぐらいに考えていた。

初対面のジャッキーに、サイミントンは驚愕する。素晴らしく魅力的、最高の着こなし、体形に自信を持っている。まさに魅惑する美女だった。一方ジャッキーは、この人、なんで私の脚ばかり見ているの、と思った。気後れして、私の目を見つめることができないのかしら。

九月一七日、陸軍空軍は独立し、正式に合衆国空軍となった。翌一八日、サイミントンは空軍省長官に指名された。

その後サイミントンは、コクラン・オドラム・ランチの常連となる。しかし空軍省長官といえども、ランチでは、ジャッキーの意に従わなければならなかった。

例えばジャッキーが、新型リンカーンを自慢する。サイミントンは、同乗を余儀なくされる。ジャッキーは起伏するランチの丘を、時速一二〇キロで疾走する。「あのご夫人とは、二度と車に乗るのはごめんだな」

一九四七年一〇月八日、イエーガーは七回目の動力飛行でマッハ〇・九四五に到達、しかしマッハ〇・八八で昇降舵が利かなかった

XS－1チームに、新たな脅威が加わった。後にF－86セイバーとして知られる傑作戦闘機の原型機、ノースアメリカンXP－86が、ミューロックに姿を現した。

ノースアメリカンF－86セイバー（文献13）

XP－86は九月上旬、ノースアメリカン社のイングルウッド工場（ロサンゼルスの東南）から、平台型トレーラーに積まれてきた。それまで飛行したジェット戦闘機の中で、最も優美な姿を誇る機体だった。

三五度後退翼を持つXP－86は、飛行前からマッハ一を超えそうに見えた。後に明らかになることだが、この機は垂直ダイブで、音速をわずかに超える能力を持っていた。

一〇月一日、ノースアメリカン社のテスト・パイロット、ジョージ・ウェルチが、XP－86をミューロックで初飛行させた。ミューロック界隈でウェルチは、XS－1の後塵を拝するような男ではないと噂された。

子連れの旅から戻ったイエーガーは、一〇月三日からXS－1一号機で、再び飛び始めた。いまやイエーガーは、未踏の領域に踏み込もうとしていた。どの飛行でも、衝撃波によるバフェッティングに遭遇した。それは、「でこぼこした敷石の上を緩衝器《ショックアブソーバー》の毀れた車で走るようなもの」だった。

一〇月八日、イエーガー七回目の動力飛行が行われた。この飛行で速度は、これまで最大のマッハ〇・九三八に達した。しかし途中のマッハ〇・八八で、昇降舵が利かなかった。すなわち、マッハ〇・八八で操縦輪を一杯に引いても、XS-1を失速させることができなかった。

このころミューロックには、重要人物の来訪が後を絶たなかった。

イエーガーが到達したマッハ〇・九三八は、NACAの計測装置ではマッハ〇・九四五と計測された。しかも飛行の最終段階が容易だったように見えた。それは訪問者に、良いニュースとなった。

しかしボイド大佐は、別の見方をしていた。「昇降舵がマッハ〇・八八で利かなかった」。この報告がライト飛行場に届くや、九日、ボイドはミューロックに飛んだ。この時点でボイドは、これが重大な問題に発展する可能性に気づいていた。

一〇月九日、海軍長官J・L・サリバンと海軍の提督たちが、ミューロックに現れた。一〇日には、トルーマン大統領の航空政策委員会《エア・ポリシー・ボード》の全員が、大統領専用機「インデペンデンス」で飛来した。

訪問者たちは、各種の航空機を視察した。しかし速度記録更新で注目を浴びたダグラス・スカイストリークも、後退翼で耳目を集めたノースアメリカンXP-86も、すでに目新しさを失っていた。すべての人々の目は、XS-1に注がれていた。果たして音の壁は破られるのか。誰もの関心が、この一点に集中していた。

空軍は、音の壁は間もなく破れると確信していた。しかし、そのとき何が起こるか、誰にもわからなかった。

一九四七年一〇月一〇日、イエーガーは八回目の動力飛行でマッハ〇・九九七に到達、しかしマッハ〇・九四で昇降舵が利かないことが確認された

一〇月一〇日、イエーガー八回目の動力飛行。イエーガーは四つのチェンバーを連続点火、XS－1は急上昇する。

高度九一〇〇メートルを通過。マッハ〇・八前後から、昇降舵の利きは半分程度に低下した。マッハ〇・九を通ると、バフェッティングは消えた。安定性もよくなった。しかし、昇降舵の利きは、さらに悪化した。

マッハ〇・九四、イエーガーは操縦輪を前後に動かした。どちらの方向にも、操縦輪は軽い力で動いた。しかしXS－1は応答しなかった。幸い補助翼は利いていて、XS－1は安定した飛行を続けた。

昇降舵が利かないことが確認されると、関係者の間に驚きと困惑が広がった。この問題に関する議論は終日続いた。そのため、もう一つの大きな驚きは、話題にならなかった。

この一〇月一〇日の夕刻、NACAは速度データの予備的解析を行った。イエーガーの読んだマッハ計は、機首から突き出たピトー管で測られている。NACAはその位置誤差を修正し、地上からのレーダー追跡《トラッキング》データと照合した。

最終速度は、マッハ〇・九四ではなかった。XS－1は高度一万二三〇〇メートルを、マッハ〇・九九七で飛行していた。

一九四七年一〇月一二日、イエーガーは落馬し、肋骨二本を骨折した

一〇月一二日、日曜日、イエーガーは妻グレニスを連れ出し、パンチョの店で夕食を楽しんだ。二人は、何杯も杯を重ねた。

二人はさらに、月光下の砂漠の乗馬と洒落込んだ。一時間ほど、ジョシュアツリーの間を進む。二人とも乗馬は得意である。帰りは競争になった。

戻ってきた二人は、無謀な速度で厩舎に向かう。イエーガーは、柵囲いの門が閉まっているのに気づかなかった。馬は気づいて、急停止した。イエーガーは激しい勢いで落馬した。脇腹に、ひどい痛みがあった。しかし史上初の超音速飛行が、手の届くところに来ている。イエーガーに、その機会を遅らすつもりはなかった。まして人に譲るつもりもなかった。

翌月曜日、イエーガーは基地の病院を避け、秘かにロザモンド（ミューロックの西方約二五キロ）まで行った。そこで体を民間の医師に見せた。診断では、肋骨二本が折れていた。イエーガーは、この件は誰にも話さないことにした。

一九四七年一〇月一三日、リドリーが水平安定板を昇降舵代わりに使う方法を案出した

一〇月一三日、イエーガーがロザモンドの医師を訪ねた月曜日、ミューロックではNACA、空軍関係者が外部の専門家も交え、イエーガー八回目の動力飛行の議論を続けていた。NACAの調査で、昇降舵が利かない理由が明らかになった。マッハ〇・九四では衝撃波が、ちょうど水平尾翼のヒンジ・ライン（水平安定板と昇降舵の境目付近）で、発生していた。NACAは、「これ以上増速することは、きわめて危険」とした。NACAは収集したデータから、マッハ一・〇付近で、大きな機首上げが起こると予想した。

ジャック・リドリーが、「水平安定板を昇降舵に代わる操縦手段として使う」ことを提案した。すなわち遷音速域を通過するとき、水平安定板設定角度を変化させ、縦の操縦を行うことを提案した。

議論は決着がつかなかった。「気流か何かの影響で、安定板が回転しなかったらどうなるか」「イエーガーにとって、この前の飛行より悪くなることはないのではないか」「気流が乱れて、安定板が千切れたらどうなるのか」「イエーガーは、生命保険の条項を確かめたほうがよい」

NACAは反対したが、ほかに妙案はなかった。結局ボイド大佐は、リドリーの提案を承認した。水平安定板の制御系が、小さな刻みで変更できるよう改修された。

一九四七年一〇月一四日、イエーガーは遂に音速を突破した

一〇月一四日、火曜日、イエーガーは日の出とともに、ミューロックに向かった。グレニスが車を運転した。グレニスはイエーガーを、試験管制塔の前で降ろした。

イエーガーはグレニスに、飛行開始前に戻ってきてはと、ほのめかした。グレニスは、一〇時前に戻ってくると約束した。

ミューロックでは、朝六時から準備が開始された。湖床を昇る太陽は、建物に長い影を作っていた。オレンジのＸＳ－１は、内部の配線や配管を剥き出しにして横たわっていた。脇で整備士たちが、最後の点検を行っていた。

すでに風防の内側には、機付き整備士長《クルー・チーフ》のジャック・ラッセルにより、「ドリーン・シャンプー」が塗られていた。「理由はわからないが防霜効果がある」とラッセルは主張した。

飛行試験関係者は、イエーガーの落馬を知っていた。しかし骨折まで知っているのは、リドリーだけだった。月曜日の午後、イエーガーはリドリーに、脇腹のひどい痛みを打ち明けた。イエーガーの悩みは、「飛ばすことはできるだろうが、ＸＳ－１のハッチ（の取っ手《ハンドル》）を（内部から）閉められないかもしれない」ことだった。

リドリーは格納庫に出向き、モップの柄の先を、二の腕ほどの長さに切り落とした。これを梃子代わりに使えば、小さい力でハッチのハンドルを押し上げることができる。そのモップの柄は、すでにＸＳ－１内に隠されていた。

イエーガーは、娯楽施設《サービス・クラブ》でコーヒーを飲んでから、飛行前点検を行った。それを終えて飛行服に着替える。さらにＮＡＣＡの関係者とも話し合う。ＮＡＣＡは、「絶対安全と確信できない限り、マッハ〇・九六を超えないよう」強く念を押した。

一〇時〇二分、B－29はエンジンを始動した。高度一五〇〇〇メートル、イエーガーはXS－1に移る。投下一分前、NACAレーダーはB－29へ、発進を了承。「準備はいいか」とリドリー。

「くそっ《ヘル》、いいとも、片付けようぜ」とイエーガー。

カーデナスがカウントダウンを開始する。一〇時二六分、高度六〇〇〇メートル、速度時速四〇〇キロ、XS－1一号機は暗い爆弾倉を離れ、眩しい陽光の中へ落下した。

イエーガーは第四チェンバーを点火、続いて第二チェンバーを点火。次いで第四を停止して第三チェンバーを点火。さらに第二を停止して第一チェンバーを点火。四つのエンジン・チェックを終えたイエーガーは、第一と第三チェンバーを使って上昇する。

速度はマッハ〇・八五と〇・八八の間を変化していた。イエーガーは安定板設定角を小刻みに変化させる。機体はこれに、滑らかに応答した。

残る第二、第四チェンバーも点火する。六〇〇〇ポンド推力と燃料消費で軽くなったXS－1は、加速しながら上昇する。マッハ〇・九二で、イエーガーはもう一度安定板による操縦の確認を行う。

高度一万一〇〇〇メートルを通過、イエーガーは二つのチェンバーを停止した。速度をマッハ〇・九二付近に維持する。高度一万二〇〇〇メートルから機首を抑える。

高度一万三〇〇〇メートルで水平飛行に入る。イエーガーは停止した二つのチェンバーの一つ、第三チェンバーを再点火した。

加速は急だった。バフェッティングも激しさを増した。マッハ〇・九四で、前回どおり昇降舵が利かなくなった。しかしマッハ〇・九六を通過すると、昇降舵が利き始めた。

イエーガー「おい《セィ》、リドリー、メモしてくれ、昇降舵の利きが戻った」

リドリー「了解、書き留めた」

舵の利きが戻ったことで、イエーガーは自信を深めた。マッハ〇・九八で、イエーガーは機が加速するのを感じた。マッハ計の針が不規則に揺れる。次いで針は、目盛りから振り切れた。このときのマッハ計の目盛は、一・〇までしかなかった。振り切れた針の位置は、一・〇五に相当した。

「それは、赤ん坊の尻のようになめらかだった。お祖母ちゃんがきちんと座って、レモネードを飲めるくらいだ」

イエーガー「リドリー、もう一つメモしてくれ、マッハ計がおかしい、振り切れた」

リドリー「おかしいんなら、あとで直してやるよ。しかし、おまえさん、幻を見てるんだ」

イエーガーは、その状態で二〇秒ほど飛んだ。次いで機首を起こし、速度を下げた。まだ三〇パーセントほど、燃料を残していた。イエーガーは、エンジンを停止した。XS-1は上昇を続けながら減速する。マッハ〇・九八を通過するとき、鋭い衝撃があった。それは瞬間的な突風を受けたときと似ていた。

地上では空軍とNACAの関係者が、レーダー、無線機、計測器を囲んでいた。彼らは、突然、遠雷のような音を聞いた。流体力学者フォン・カルマンの予言は的中した。それは史上初のソニック・ブーム、音速を超えて飛ぶ航空機の衝撃波によって生ずる爆発音だった。

イエーガーは一〇時二八分ごろ、高度一万三〇〇〇メートルで、マッハ一・〇六、時速にして毎時一一二七キロを達成していた。フーバーはP－80で、その様子をカメラに収めた。またXS－1機内の計測装置は、音速を超えるときの（衝撃波移動で発生する）ピトー管静圧変化《マッハ・ジャンプ》を捉えていた。

フロスト、フーバーとともに、湖床へ向かって降下する。イエーガーはビクトリー・ロール（歓喜を示す急横転）を行って着陸した。B－29を離れてから一四分後のことだった。

消防車が疾走してくる。いつものように隊長の消防車に同乗し、格納庫に向かう。イエーガーの肋骨は痛んだ。しかし、砂漠の太陽は素晴らしかった。

グレニスは、飛行を見ていた。グレニスが見たのは、イエーガーが曳く白い飛行機雲が空高く昇っていくところだけだった。ソニック・ブームは聞かなかった。グレニスは、特別なことが起こったとは考えなかった。

イエーガーが消防隊長の車から降りてきて、グレニスの車に乗り込んだ。イエーガーが言う。「疲れた。家に帰ろう」。グレニスはイグニッションを回し、車を出そうとした。

このとき、ディック・フロストとボブ・フーバーが走ってきた。二人はイエーガーの背をばんばんと叩き、大騒ぎを始めた。これでグレニスは、夫が音の壁を破ったことを知った。

イエーガーが、家に帰るつもりだと言う。「冗談じゃない」とフロストとフーバー。三人は試験司令室へ向かった。

フロストは、工場のラリー・ベルに電話した。イエーガーとリドリーは、ボイド大佐に電話した。それから皆で将校クラブへ行き、乾杯して、大いに飲み食いした。

その夜は、パンチョの店へ繰り出すはずだった。しかし、ボイド大佐のオフィスから電話で、飛行が極秘扱いになったと伝えてきた。「お互い話し合ってもいけないし、誰に話してもいけない」本来なら音速突破は、空軍独立を祝福するのにふさわしいニュースだった。これを秘密にしたのは、超音速戦闘機の開発でソ連に優位を保つためだった。

一行は午後四時半ごろ、五〇キロほど離れたイエーガーの家へ繰り込んだ。イエーガーはマティーニを振る舞った。リドリーは、ライト飛行場へ送る報告《テレックス》を書きに戻った。六時をまわるころ、イエーガー、フロスト、フーバーの三人は、フロストの家でパーティーを続けることにした。フーバーはフロストのシボレー・クーペに同乗した。イエーガーはオートバイに跨った。パンチョから貰ったオートバイで、ヘッドライトが点かなかった。

八時か九時ごろ、三人は酔いつぶれていた。三人は再びイエーガーの家へ向かう。イエーガーは無灯火のオートバイで、暗夜の中へ飛び出して行った。フーバーとフロストが、クーペで追う。しかしすぐ見失った。

道路の急カーブで、イエーガーはオートバイの下敷きになって倒れていた。二人がオートバイをどかすと、イエーガーはクスクス笑っていた。掠り傷ひとつ負っていなかった。

イエーガーは、「無茶しない」と約束し、再びオートバイに跨る。「シボレーのライトの中を走る」と約束した。しかし、たちまち見えなくなった。

フロストとフーバーがイエーガーの家に着いたとき、イエーガーはキッチンにいて、二人のためにマティーニを作っていた。

一九四七年一〇月二七日、イエーガーはXS－1で大きな危機に見舞われた

イエーガーの音速突破のニュースは、NACA、航空業界、空軍、海軍の関係者の間に瞬く間に広がった。しかし一般には公表されなかった。

イエーガーを含むテスト・チームの主要メンバーは、ライト飛行場へ飛んだ。そしてボイド大佐と空軍資材司令部の主要参謀たちに、飛行の説明を行った。

一〇月二〇日の夜、ラリー・ベルを含むXS－1計画の主要メンバーは、デイトンのビルトモア・ホテルに集まり、キティ・ホーク・ルームで祝いの会食を行った。この日、それに先立つ内密の式典で、イエーガーは二つ目の空軍殊勲十字章を授与された。

部外者には、XS－1は湖床を飛ぶ奇妙な航空機であり続けた。ライト飛行場から戻ったイエーガーは、一〇月中にXS－1で四度飛んだ。その中の一〇月二七日の飛行で、XS－1は大きな危機に見舞われた。

高度六〇〇〇メートル、XS－1は母機B－29を、きれいに離れた。イエーガーはエンジン点火スイッチを押す。何も起きない。他の点火スイッチを押す。何も起きない。

イエーガーがマイクに向かって話す。「おい《ヘイ》、電気系統が全部死んでいる」。しかし無線にも電気

は来ていない。送信は伝わらない。

全備重量五・九トンのＸＳ－１は、その中に揮発性燃料二・三トンを積んで、爆弾のように降下している。このまま着陸すれば、爆発して湖床に巨大なクレーターを作るだけである。

電気がなければ、エンジンは点火できない。燃料を投棄するバルブも開けない。燃料搭載のまま着陸すれば、過荷重で脚部が壊れ、燃料が漏れて爆発が起こる。

瞬時の決断が必要だった。危険覚悟で機体を救うほうに賭けるか。危険な落下傘脱出で自らを救うほうに賭けるか。イエーガーは前者を選択した。

座席の上と後ろに、緊急用燃料投棄バルブがある。手動で開けた。ただし、排出速度は遅い。全燃料投棄に要する時間はわからない。すでに一五〇〇メートル降下している。

随伴機一機は、ついてきていた。しかし無線交信できない状態では、緊急用バルブが作動しているか――排出燃料の蒸気が見えるか――わからない。

湖床が風防一杯に広がる。イエーガーは脚下げレバーを下げた。しかし電気が死んでいるから、脚を降ろす力は重力に頼るしかない。脚がロックされたか否かもわからない。できることは機体を揺すり、祈ることだけ。

そのあとできることは、できるだけ長く空中に留まること。必要なのは時間だった。できるだけ着地を遅らせ、燃料を吐き出す時間を稼ぐ。

燃料計は、他の計器同様、死んでいる。感覚だけで飛ぶ。地面が近づき、後方に流れ去る。上がった機首の先を見る。少しずつ機首を上げる。間もなく、失速が始まる。

湖床上数十センチ、XS－1が微かに震える。機が減速する。失速が始まる。機首が下がる。覚悟を固め、衝撃に備え、身構える。燃料が残っていれば、終わりである。車輪が湖床に当たる。脚は壊れなかった。

イエーガーの自伝の冒頭を飾るエピソードである。

一一月六日、イエーガーは高度一万五〇〇〇メートルでマッハ一・三五を記録した。時速にして毎時一四三〇キロに達した。

一九四七年一二月、音速突破のニュースは広がり、イエーガーはナンバー・ワンになり、ジャッキーと出会った

一二月二二日、航空週刊誌「エビエーション・ウィーク」が、空軍の音速突破をスクープした。ニュースは全国的に広がった。しかし、飛行の詳細は秘密にされた。

音の壁に関する臆説は消えた。まだ解明されるべき事柄は、多々あった。しかし、超音速飛行が可能なことは、もはや明確だった。

空軍はベルXS－1の名称を、X－1に変えた。すなわち、音速《ソニック》を意味するSを取り除いた。それは空軍が、音の壁にまつわる障害を乗り切った自信を示すものだった。

イエーガーは、いまやナンバー・ワンだった。飛行試験部のテスト・パイロットたちは、嫉妬を露骨に表した。「彼はなすべきことをしただけだ。任務を遂行しただけで、なぜ誉められるのだ」

イエーガーの飛行が明るみに出たとき、彼の話を買いたいという申し出は多々あった。イエーガーは、すべてを断った。イエーガーはボイドの考え、すなわち「有能なパイロットなら、誰でもXS－1で飛びたい。そして誰も、それを利用して報酬を得るべきでない」を承知していた。

しかしある日、イエーガーはボイドの副隊長、フレッド・アスカニ中佐のところへ相談に行った。「自分の話を映画にして、グレニスに毛皮のコートを買うだけ、報酬を貰ってはいけないか。おやじさん（ボイドのこと）に聞いてほしい」

アスカニは答えた。「もし君が、わずかでも金を受け取ったという噂がたてば、君は飛行試験部の同僚たちの尊敬を失うことになる」

音速を突破して間もなく、イエーガーはジャッキーと出会った。場所はワシントンの、スチュアート・サイミントン空軍省長官のオフィスだった。

「私、ジャッキー・コクランです」。そう言ってジャッキーは、握手したイエーガーの手を激しく上下に動かした。「すごいことだわ、イエーガー大尉、あなたは、我々皆の誇りよ」

ジャッキーはイエーガーを、昼食に招待した。二人がレストランに入ると、店は大騒ぎになった。店主は、揉み手して迎える。ウェイターは、転がるようにやってくる。

ジャッキーは、料理を一品ごとに突き返し、大声で文句を言った。厨房に行って、シェフにまで文句をつけた。その間に、イエーガーの飛行について、あらゆる詳細を聞き出そうとした。さらに、こんなことを言った。

「ハップ・アーノルドは、私のスクランブルエッグが好きなの」「トゥーイー・スパーツは、飲み友達よ」「私が男だったら、あなたみたいなエースになっていたわ、腕はいいのよ」「将軍たちのほうから、私の家にやってくるの」「私は女だから、人脈が要るの」「飛ぶことは、私の人生で最も大事なことなの」

別れ際、ジャッキーが言った。「これからも、連絡し合いましょうね」

一九四八年、NACAのスカイストリークが墜落した

NACAのミューロック飛行試験部隊《ユニット》も、超音速飛行を目指していた。それはあまり見栄えはしなかったが、着実に進歩していた。NACAはパイロットとして、ハーバート・フーバーとハワード・リリーを選んだ。

一九四八年三月一〇日、フーバーはXS－1二号機でマッハ一・〇六五に到達した。フーバーは民間人パイロットとして、最初に音速を超えた人間になった。リリーも三月中にマッハ一を超え、音速を超えた史上三人目の人間になった。

一方NACAのスカイストリーク二号機は、前年一一月から飛行を中断していた。一九四八年二月、NACAはその飛行を再開した。かつての真紅の実験管《クリムゾン・テスト・チューブ》は、胴体の塗装を白に変えていた。

四月、リリーはスカイストリーク二号機で、マッハ〇・八八に達した。そして五月三日、リリーは、NACAとして一八回目の飛行に飛び立った。

スカイストリークは、ドライ・レーク上を加速していた。高度は四〇メートルほど、エンジンは快調に轟音を発していた。

離陸から約三・五キロの地点で、胴体外板の一部が離脱した。続いて煙と火焔が見えた。機は数秒間姿勢を維持したが、機首を右に振って横揺れ《ロール》し、裏返しになった。

スカイストリークはそのまま地上に墜ち、炎上した。高度が低く、リリーに脱出のチャンスはなかった。リリーはNACAで、任務中に死亡した最初のパイロットとなった。

原因は、エンジンの破壊だった。高速回転する圧縮機《コンプレッサー》の羽根《ブレード》が破断し、エンジン・ケースを破って外に飛び出した。ブレードは、方向舵と昇降舵の操縦索を切断した。

事故調査委員会は、操縦索を防護ないし二重にすることを含む各種の安全策を勧告した。

一九四八年、ジャッキーは後の大統領ジョンソンの命を救った

一九四八年五月一二日、民主党や空軍協会《エア・ホース・アソシエーション》がテキサス州ダラスで、スチュアート・サイミントン長官の栄誉を称える大パーティーを開いた。ジャッキーは、サイミントンから招待された。

ジャッキーは、自家用の双発機ロッキード・ロードスターで飛んだ。飛行時間一〇時間の若い副操縦士スティーブと、メイドのエレンを同伴した。

午餐会に先立つカクテル・パーティーに、ジャッキーは遅れて現れた。そのジャッキーに、サイミントンはそっと封筒を手渡した。ジャッキーはホールを出て、封筒を開く。

手紙は、リンドン・ジョンソンが入院していることを告げていた。「その病院の裏手に回れば階段がある。二階に上がれば、部屋はすぐ見つかる。誰にも教えてはならない。誰に気付かれてもならない」

リンドン・ジョンソンは民主党から立候補して、上院議員選挙を闘っていた。本来ならこのパーティーに、姿を見せなければならなかった。しかし、すでに何日間も、激しい苦痛に苛まれていた。腎臓結石が疑われていたが、ダラスの病院の手に負えなかった。

選挙中のジョンソンにとって、病気で倒れたことを伏せることが、絶対に必要だった。サイミントンは、ジャッキーが飛行機で来ることを知って、秘かに助力を求めたのだ。

ジョンソンとジャッキーは、親しくはないが知り合いだった。二人は、ある賞の選考委員会で同席していた。

ジャッキーは、レンタカーを使って病院を訪ねた。病室には、一目見て最悪の状態のジョンソンがいた。脈は速く不規則で、ショック状態だった。夫人と男性秘書が付き添っていたが、二人とも疲労困憊していた。

ジャッキーはジョンソンを、ミネソタのメイヨー・クリニックに運ぶことにした。夫のフロイドも腎臓結石を患った。ジャッキーはこの病院が、最高の医師と設備を備えていることを知っていた。

ダラスからミネソタ・ロチェスターへは、飛行機で六時間の距離だった。ロチェスターの天候が悪く、離陸を真夜中過ぎに延期した。翌朝三時に、ジョンソンたちを飛行機に運んだ。機内のベッドにジョンソンを固定し、酸素マスクを装着した。地上走行を始めたとき、夫人と秘書は鼾をかいていた。

飛行中、ジョンソンは恐ろしい悲鳴を上げた。そういうときジャッキーは、機を自動操縦に委ね——若い操縦士に計器のモニターを任せ——ジョンソンを介抱した。

麻酔注射を打つ。ジョンソンは滝のような汗をかく。肺炎の発症を防ぐため、体中をアルコールで拭き、毛布でくるむ。必要なものは、飛行前にジャッキーが手配していた。

着陸したロードスターに、救急車が横付けにされた。ジョンソンは全裸で救急車に運ばれた。

七日後、ジョンソンは選挙運動に復帰し、選挙に勝利した。「ランドスライド（地滑り、圧倒的な勝利）ジョンソン」の名が奉られた。それは勝利が、あまりにも僅差のためだった。

ジャッキーの看護婦としての経験が、ジョンソンの命を——少なくとも後のアメリカ大統領の政治的生命を——救った。その後ジョンソンは公衆の面前でも、ジャッキーを熊《ベア・ハグ》のように抱き締めた。

一九四八年、グレニスは長女を出産した

イエーガーが音の壁を破ってしばらくして、グレニスは長女シャロンを宿した。一家五人が住むために、イエーガー家は、基地から六五キロほどの距離にあるワゴン・ホイール農場《ランチ》に引っ越した。

家はがたがたで、風があらゆる裂け目から吹き込んだ。しかし二寝室《トゥー・ベッドルーム》の家だった。冬の夜の

砂漠は、気温が氷点下を越えて下がった。みな凍えそうだった。

水は、風車ポンプで汲み上げた。一番近い隣人は、約二五キロ離れていた。グレニスは、パンやミルクが切れるのを恐れた。最も近い店は、車で往復一時間半かかった。イエーガーの基地への往き来も、それくらいだった。

一九四八年、シャロンは、モハーベの町の一四床ある病院で生まれた。グレニスの入院中、雪が降り続いた。イエーガーが来てグレニスを家に連れて帰るとき、雪は止んでいた。

家まで半分ほど来た砂漠の中で、風が激しくなった。ものすごい雪の吹きだまりが、道路を塞いでいた。イエーガーは突っ切ろうとしたが、駄目だった。

夫婦は、生まれたばかりの赤ん坊を抱いて、何時間も立ち往生した。車の暖房を間欠的に入れて、車内を冷え過ぎないように努めた。二人とも、気が気ではなかった。

幸い、家で子供たちの世話をしていたグレニスの母が、基地の空軍憲兵隊《エア・ポリス》に電話した。彼らは捜索ヘリコプターを飛ばし、すぐにイエーガーの車を発見した。それは捜索に備えイエーガーが、車の屋根の雪を払い落としておいたためだった。

一九四九年、イエーガーはX－1で地上から発進し、海軍の鼻を明かした

事故でスカイストリーク二号機を失ったＮＡＣＡは、残る三号機で、試験飛行を続けることにした。しかしスカイストリークには、事故調査委員会の勧告に基づく改修が必要だった。

一九四八年九月、ダグラス社は自社のスカイストリーク一号機の改修を終えた。ジーン・メイは、この機を三五度の急降下に入れ、マッハ一をわずかに超えた。スカイストリークが音速を超えたのは、結果的に、このときだけとなった。

一一月上旬、NACA用スカイストリーク三号機はダグラス社で改修を終え、ミューロックに戻ってきた。翌一九四九年一月三日、ジーン・メイは実演飛行《デモンストレーション》を行い、六・八gの引き起こし、時速約九三三キロの左右最大横すべり飛行、時速九七四キロの低空通過《ローレベル・パス》などを誇示して見せた。

遷音速実験機という意味で、スカイストリークとX-1は競合関係にある。それぞれの資金は海軍と空軍が負担し、両者の関係は必然的に白熱する。またNACAは、海軍との結びつきが強い。実際NACAパイロットの多くは、海軍出身者だった。

ジーン・メイの飛行は、空軍関係者にとって不快だった。海軍はこう主張した。「自分たちのスカイストリークは、爆弾のように母機から切り離す必要がない。地上から発進できるので、真の意味での最初の超音速機は、スカイストリークである」

スカイストリーク三号機がダグラス社に戻った後、空軍はX-1の地上発進の準備を始めた。空軍はディック・フロストを、ベル社からよび戻した。

フロストは、タイヤやブレーキ部品を交換するなど、必要な準備を行った。イエーガーには、離陸時の脚荷重を軽減するため、ブレーキ操作を避けるよう注意した。燃料の液体酸素は、絶えず沸騰、揮発する。離陸は早朝、滑走路が熱せられる前に行うことが必要だった。

一九四九年一月五日、ジーン・メイがスカイストリーク三号機でデモンストレーション飛行を行った二日後、イエーガーはX－1一号機で、地上から発進した。四つのロケット・チェンバーを連続点火、X－1は滑走路を四五〇メートルほど疾走し、離陸した。

脚レバーを上げたとき、アクチュエーター・ロッドが折れ、フラップが飛んだ・エンジン・スタートから八〇秒後、イエーガーは高度七〇〇〇メートルで、マッハ一・〇三に達した。

離陸から二分半後、X－1は湖床に無事着陸した。土埃を上げて停止するイエーガー機の真上を、随伴するF－86セイバーが、勝ち誇ったように飛び抜けた。

海軍の機先を制したことで、空軍内でイエーガーは、音の壁を破ったとき以上に英雄扱いされた。

その後アルバート・ボイド大佐は、X－1を高度記録達成に向けた。当時の高度記録は、一九三五年に陸軍航空隊オービル・アンダーソン、A・W・スティーブンズの両大尉が気球エクスプローラーⅡで樹立した二万二〇六〇メートルだった。

ボイドはパイロットに、フランク・〝ピート〟・エベレスト少佐を選んだ。エベレストはライト飛行場飛行試験部で、課長補佐《アシスタント・チーフ》を務めるテスト・パイロットだった。

イエーガーはエベレストを、技量だけに限れば、自分の最大のライバルと考えていた。エベレストは、自分がX－1のパイロットに選ばれなかったことを憤慨していた。

一九四九年六月二五日、五回目の飛行で、エベレストは一万六九八〇メートルに達した。そして八月八日、最終高度は二万一九一五メートルに達した。

結果的にこれが、燃料加圧方式で飛ぶX－1の最高到達高度となった。気球エクスプローラーⅡの記録には、わずかに届かなかった。

一九四九年、ミューロック基地にライト飛行場の飛行試験部が移動し、翌年エドワーズ空軍基地と名を変え、パンチョの店はボイドやイエーガーの後ろ盾で大繁盛を始めた

航空機は、文字通り日進月歩で進歩していた。ミューロックでは、記念すべき飛行が毎日のように行われた。そのたびにパンチョの店で、盛大なパーティーが催された。

パンチョは、男たちが何を欲しているか、承知していた。パンチョは彼らに、巨大で厚いステーキや、ハイボール付きの美女を用意した。美女たちは、みな胸の谷間が深かった。

一九四九年九月、ライト・パターソン基地と名称変更したかつてのライト飛行場の飛行試験部が、ミューロックに移動した。アルバート・ボイドは准将に昇進し、司令官としてミューロックに赴任した。翌一九五〇年、基地はエドワーズ空軍基地と名を変えた。

ボイドは二〇年代の末、マーチ飛行場（ロサンゼルスの東八〇キロ）で飛行を習い、パンチョの古い友人の一人だった。ボイドは、パンチョの店を公私にわたって多用した。イエーガーも毎日のように、飛行時間以上の時間をパンチョの店で過ごした。

パンチョの店は、ボイドやイエーガーたちの後ろ盾や、基地の重要性が増したことで、客が増加した。店は人数を制限するための会員制クラブだったが、最盛期の会員証保持者は九〇〇〇人に達した。

そのころパンチョの店のバーや食堂は、「ハッピー・ボトム・ライディング・クラブ」とよばれるようになった。クラブのロゴは馬に跨った女性を後ろから描いたもので、女性は体を捻って後方をふり向き、豊かな胸を挑発的に突き出していた。

「ライディング」には、乗馬以上の意味が込められていた。しかしパンチョは、片目をつぶって言った。「昔はみんな馬に乗って、ハッピー・ボトムになったんだよ。最初にそう言ったのは、ジミー・ドゥリットルだよ」

店では夜遅くまで、自由な——抑制されていない——パーティーが行われた。例えばホステスの一人が、「その上に最も着陸したい女性」に選ばれる。彼女はパイロットの一人をスツールで殴る。彼は鼻骨を折って、病院に送られる……。


ハッピー・ボトム・ライディング・クラブのモラルに関しては、常に議論があった。

パンチョは雇用時ホステスに、男性の話し相手をし、ダンスの相手をすることも、含めていた。ロサンゼルスの新聞のホステス募集広告には、「女性たちへ、観光農場で給料付きのバケーションを」となっていた。

応募した多くは、ハリウッドで失業中のコーラスガール、女優志望者、仕事のないモデルなどだった。砂漠は暑く、寮は狭く、彼女たちは二段ベッドに寝かされた。「給料付きバケーション」というより、「てんやわんやの大騒ぎ」に近かった。

ホステスの休暇は、月に四日だった。そういうとき彼女たちは、プールで泳ぎ、馬に乗り、あるいは睡眠不足を補った。

週末に、燃料補給にだけ着陸し、ホステスをラスベガスに誘う男たちもいた。

地元の人々はパンチョの店で、飲食やダンス以外のことが行われていると考えていた。基地のパイロットの多くは、妻子持ちだった。妻たちのほとんどは、夫がそこで時間を過ごすのを嫌がった。突如現れたパイロットの妻が、夫の頭にサラダ・ボールをぶちまけるようなこともあった。

グレニスは、パンチョの店が売春宿であると思っていた。パンチョもそれを知っている、と考えていた。

グレニスは、チャックとパンチョの友情を嫉妬しなかった。夫がパンチョの店で長い時間を過ごすことに、不平をこぼさなかった。テスト・パイロットには、肉体的、精神的なストレスがたまる。それを、仲間たちとの大騒ぎで発散するほうがよい。グレニスは賢明にも、そう考えていた。

またグレニスは、パンチョに関するとかくの噂や、若い男性との親密な関係を知っていた。そしてパンチョに、夫を奪われることはないと確信していた。

いかに店が繁盛しようと、パンチョの本質は変わらなかった。パンチョは常に、入ってくる以上の金を使った。

支払う金がないと、馬を売った。数百ドルがポケットにあれば、マックやイエーガーや友人たちを、メキシコへの旅に誘った。パンチョは、小型のスティンソン単発機と、双発の爆撃機を持っていた。彼女はこういう人たちと、カリフォルニア湾周辺を飛び回った。時には遠くアカプルコ（メキシコ南部）まで飛んだ。

すでにパンチョの操縦免許証は、失効していた。何年にもわたってパンチョは、航空身体検査や更新のための飛行テストを受けていなかった。

パンチョには、飛ぶ以外の楽しみもあった。それは、ハリウッドの賓客たちをもてなすことだった。四〇年代末から五〇年代初めにかけて、ハリウッドの超大物俳優が、大挙してやってきた。パンチョの農場や周辺の土地は、西部劇を撮るのに便利な場所だった。平坦なドライ・レークは、カメラを台車に乗せて、疾走するカウボーイやインディアンを撮影するのに便利だった。ボッブ・ホープとジェーン・ラッセルの凸凹コンビの映画も、パンチョの農場で撮影された。

映画ビジネスは、多額の金をもたらした。しかしそれらも、馬や飛行機や、さらなる旅行に消えた。

一九五〇年、ジャッキーの豪壮なランチには軍隊ほどの使用人がいた

イエーガーとグレニスが、ジャッキーのコクラン・オドラム・ランチに初めて招待されたのは、一九五〇年の春のことだった。ランチはエドワーズから車で三時間、パーム・スプリングスの南東四〇キロほどのところにあった。

砂漠の先に、大きな門があった。そこを抜けると、ドライブウェーの両側は、グレープフルーツやタンジェリンオレンジで埋め尽くされていた。花の香りで、二人は頭がくらくらした。

ジャッキーのランチは、一面緑の草で覆われていた。日陰を作る木が密に植えられ、人工の池があり、椰子、夾竹桃、ジャカランダなどが配されていた。テニスコート、スキート射撃場、一二頭のアラビア馬の厩舎があった。

プールとゴルフ・コースもあった。巨大なプールは樹々に囲まれ、私設の車道と隔てられていた。九ホールのゴルフ・コースは、近隣の人たちに無料で開放されていた。

ジャッキーの居間は、とてつもなく広かった。居間は、一九三九年のユーゴスラビア世界博覧会で買った絨毯に合わせ、拡張されたという。田舎の町の映画館ほどの広さがあった。

家具は、居間に合わせて、大きなものが使われていた。巨大な暖炉は、ウラン岩製だった。それが、特大のランプの光の下で、黒光りしていた。ソファやテーブルがゆったりと配置され、ホテルのラウンジを思わせた。

ジャッキーとフロイドには、それぞれ別の、秘書とメイドがいた。ランチには電話交換台があって、交換手がいた。屋敷全体には、軍隊ほどの使用人がいた。

イエーガー一家は、母屋のすぐ隣にある来客用ゲストハウス一号館を宛《あて》がわれた。それは六部屋ある建物で、給仕、メイド付きだった。

一九五〇年、X－1は引退し、イエーガーは映画で驚異の飛行術を見せた

X－1一号機に、耐用年数が近づいた。最後の飛行は一九五〇年五月一二日、イエーガー操縦による五九回目の飛行だった。

この日「グラマラス・グレニス」は、ハワード・ヒューズ製作、ジョン・ウェイン、ジャネット・リー主演の映画「ジェット・パイロット」に〝出演〟した。役柄はソ連の試作戦闘機だった。後にグラマラス・グレニスは、ジャック・リドリー、チャック・イエーガー操縦のB－29で、ライト・パターソン空軍基地に運ばれた。そこで再塗装され、再び二人の操縦で、ワシントンに運ばれた。グラマラス・グレニスは現在、スミソニアン協会の国立航空宇宙博物館に展示されている。

映画「ジェット・パイロット」の飛行シーンは、すべて実写だった。撮影には、空軍が全面協力した。多くのパイロットが志願し、F－86セイバーを中心に妙技を披露した。イエーガーもその一人だった。

映画の冒頭、二機編隊のF－86が現れる。その一機が背面に移りざま、僚機とキャノピーを接するように飛ぶ。日本公開での字幕の台詞は、「これは夢の中で悟ったんだ」

このシーンは、イエーガーの驚異の飛行術を目の当たりに示すものだった。この飛行をイエーガーは、随伴機として飛ぶとき、時に使用した。

そのころイエーガーは、しばしば随伴機パイロットとして飛んだ。

随伴飛行に優れようとするパイロットは、多くない。随伴役に優れても、栄誉は与えられない。しかし熟練した随伴パイロットは、機体と乗員を救う。イエーガーは、厄介な事態《タイト・スポット》で、最も脇を飛んでほしいパイロットだった。

一九五一年夏、リパブリック社のテスト・パイロット、カール・ベリンジャーは、社の実験機XF－91をテストした。飛行に随伴したのは、イエーガーだった。

ベリンジャーがまさに離陸しようとしたとき、イエーガーはF－86で飛んできた。そしてベリンジャーが浮揚しないうちに、ベリンジャーと編隊を組んだ。

直後、イエーガーは半横転《ハーフ・ロール》して背面になり、ベリンジャーの風防の上から、まだ脚上げしていないベリンジャー機を点検した。

ベリンジャーが離陸し、脚を収納したとき、イエーガーが無線で伝えてきた。「おい《マン》、わからんだろうが、何かエンジンから出ている」。直後に火災警報が点灯した。

ベリンジャーは翼下タンクを投棄する。後部から熱気が迫る。コックピットに煙が充満する。脱出するには、高度は低すぎる。イエーガーの指示に従い、ベリンジャーは湖床に着陸した。

イエーガーも、翼端にぴたりとつけ、着陸した。機が停止した瞬間、ベリンジャーは地上に飛び出した。

そのとき、尾翼が焼け落ちた。

一九五一年、海軍のスカイロケットは躍進してX－1を凌駕し、対する空軍は新型機X－1D、X－1－3の二機を続けて失った

後退翼を持つダグラス社のスカイロケットは、NACA用の二号機が一九四九年五月に初飛行した。ジェット、ロケット・エンジンを併用するスカイロケットは、離陸が煩雑だった。一九四九年一一月、海軍はスカイロケットを空中発進機に変更した。

中でも二号機は、ロケット・エンジンだけを使用する空中発進機に改修された。以後この機は、記録更新で大活躍する。

スカイロケット二号機は、後発機として数々の利点を有した。全遊動式水平尾翼を含むX－1の基本設計が踏襲され、エンジンもX－1と同じものが搭載された。しかもエンジンは、X－1に間に合わなかったタービン駆動の燃料ポンプ（ターボポンプ）付きだった。これによる重量軽減で、搭載燃料が増加した。

ダグラス社は二号機の操縦に、自社のテスト・パイロット、ウィリアム・〝ビル〟・ブリッジマンを指名した。一九五一年一月二六日、ブリッジマンはマッハ一・二八に達した。

四月五日、ブリッジマンは高度一万四〇〇〇メートルで、マッハ一・三六に達した。ダグラス社と海軍は、スカイロケット二号機の飛行目的を、速度記録と高度記録の更新に絞った。

六月下旬から七月上旬にかけて、ダグラス社は液体酸素を補充する方法を考案した。すなわち、沸騰、蒸発するスカイロケット内の液体酸素を、投下前のB－29機内で補充できるようにした。

一九五一年八月七日、ブリッジマンは高度二万メートルでマッハ一・八八、時速二〇三〇キロに達した。さらに八月一五日、最高到達点二万四二三〇メートルに達した。

いずれもX－1を凌駕し、スカイロケット二号機は世界の最速機、かつ最高高度到達機となった。

空軍が、手をこまねいていたわけではなかった。そのころエドワーズ基地では、マッハ二を狙う空軍の新型二機が、注目を浴びていた。

B－29を発進するスカイロケット（文献8）

新型二機とは、ベルX－1DとベルX－1－3だった。二機ともX－1の改良機で、いずれも推進燃料を送る方式が、スカイロケット二号機と同じターボポンプ使用に変わっていた。

最初にエドワーズに姿を現したのは、ベルX－1Dだった。空軍はイエーガーの音速突破後ベル社に、XS－1の改良型四機を発注した。そのうち三機（X－1A、1B、1D）が製造され、X－1Dは最初に完成した一機だった。

一九五一年八月二二日、ブリッジマンが高度記録を作ってから一週間後、空軍はX－1Dの最初の動力飛行を試みた。パイロットに選ばれたのは、ピート・エベレストだった。母機B－50（B－29の爆弾搭載量を増大した機体）からX－1

Dに移ったエベレストは、窒素ガス（燃料タンク・レギュレーター、フラップ、脚の動力源）の圧力低下に気づく。このため飛行中止が決まった。

エベレストは母機に戻るが、燃料を投棄するため、再びX－1Dに戻った。そして窒素ガスで液体酸素を加圧したとき、X－1D内で爆発が起きた。火焔はX－1DからB－50の爆弾倉に吹き込んだ。

エベレストはX－1Dのキャノピーを開け、飛び上がるようにB－50へ脱出した。このとき勢い余って、ジャック・リドリー（副操縦士として搭乗）を突き飛ばした。

随伴機が、「ピート！　そいつを落とせ、火がついているぞ」と叫ぶ。リドリーは、まさに緊急投下用のハンドルを引こうとしていた。しかし安全装置の固定ピンが抜かれていなかった。もしハンドルを引いていれば、X－1Dは切り離せなくなってしまうところだった。

リドリーはB－50の操縦席に飛び込み、正規の投下レバーを引く。X－1Dは母機を離れて燃えながら落下し、地上で爆発した。被害がX－1Dを失っただけで済んだのは、幸運だった。原因は、燃料漏れと推測された。漏れたアルコールが気化し、電気スパークを拾って爆発したと推測された。

続いてX－1－3が登場した。X－1－3はXS－1の三号機で、のちにX－1－3と命名された。資金の打ち切りや復活など紆余《うよ》曲折を経て、一九五一年四月、エドワーズに到着した。塗装は白、ベル・テスト・チームはこの機を「クウィーニー」（いかす女）とよんだ。

一九五一年一一月九日、X－1－3クウィーニーは母機B－50に抱かれ、地上を離れた。この飛行はクウィーニーを母機に繋留したまま、燃料投棄系統をチェックする試験だった。X－1－3は、アルコールと液体酸素を満載していた。

テスト・パイロットはベル社のジョー・キャノンで、彼はまず、過酸化水素（ターボ・ポンプの動力源）代わりに積んだ蒸留水を投棄しようとした。しかしX－1Dのときと同様、窒素ガス圧力が低下していた。液体酸素とアルコールの投棄試験は中止された。

B－50は推進燃料満載のX－1－3を繋留したまま、エドワーズ基地に戻った。基地で地上員が、X－1－3に窒素ガスを補充した。

キャノンは地上で、X－1－3内から、燃料投棄のため液体酸素タンクを加圧した。このとき鈍い爆発音とともに、X－1－3は液体酸素の蒸気に包まれた。

キャノンは脇のハッチから脱出した。しかし二次爆発で超低温の液体酸素を浴び、ひどい火傷を負った。X－1－3と母機B－50は、この事故で失われた。

事故調査で、原因は高圧の窒素系統にあるとされた。窒素ガスは管を束にしたもの《チューブ・バンドル・アセンブリー》に貯蔵され、管はステンレス鋼製だった。鋼は低温で脆くなる性質があり、管は液体酸素タンクの隣を通っていた。冷気にさらされた管が加圧されて爆発し、二次爆発を誘起したと結論された。

空軍は、マッハ二を破ると期待した二機を、続けざまに失った。

一九五二年、ジャッキーはアイゼンハワー大統領と懇意になった

一九五二年、ドワイト・アイゼンハワー大将を、共和党大統領候補に推す動きが起きた。将軍は一九五〇年一二月から、北大西洋条約機構（NATO）軍最高司令を務めていた。

一九五二年二月、マディソン・スクエア・ガーデンで、そのための集会が開かれた。主催者は司会者に、ジャッキー・コクランを起用した。

支援者たちの熱狂ぶりは、映画に収められた。それをフランス在住のアイゼンハワーに届けるのも、ジャッキーの役目だった。ジャッキーは、TWA機でパリに飛んだ。

二万八〇〇〇人の熱狂する支援者。その様子を目にしたアイゼンハワーは、大統領選に出馬する決意を固める。そしてそれを三人の重要人物に伝えるよう、ジャッキーに依頼した。

アイゼンハワーは大統領選に圧勝する。就任を祝う舞踏会でジャッキーは、壇上で空軍参謀総長ホイト・バンデンバーグ将軍夫妻の隣に席を与えられる。

ジャッキーは、アイゼンハワーの生涯の友人の一人になった。またバンデンバーグ夫妻とも、近付きを得た。

後にイエーガーはコクラン・オドラム・ランチでアイゼンハワーに会う。二人は夕食後、一時間以上も話し込んだ。

アイゼンハワーは、イエーガーのことをよく覚えていた。「帰国を拒否するような人間を、どう

して忘れられるかね」。アイゼンハワーは、イエーガーの一日五機撃墜が『スターズ・アンド・ストライプス』紙に報じられたことも覚えていた。

ジャッキーが、二人のところにやって来て言った。「将軍、わかっていらっしゃるの、この人がどれほど有名なパイロットか」

アイゼンハワーが答えた。「チャックは昔から知っているよ。久しぶりに、戦争のときの話をしているんだ」

後にジャッキーは、かんかんに怒った。「よくも私の顔に、泥を塗ってくれたわね。将軍と知り合いだったこと、どうして言ってくれなかったの」。ジャッキーは数日間、イエーガーと口を利かなかった。

一九五二年、パンチョはエドワーズ基地拡張に逆らい、空軍と泥沼の法廷闘争に入った

一九五二年、パンチョに逆風が吹き始めた。

かつてパンチョはミューロックの空軍を、自分のもののように感じていた。しかしいまや、エドワーズ基地は変わってしまった。フットボール場の大きさの格納庫は一〇以上でき、現代的な兵舎が並び、一万七〇〇〇人以上の軍人と数百の家族が住む施設になっていた。

一九五二年早々、エドワーズ空軍飛行試験センターの司令として、スタンリー・ホルトナー准将が着任した。ホルトナーは四〇歳の出世第一主義者で、「厳格に軍人らしい」ことを要求する指揮

官だった。

着任草々、パンチョはホルトナーのオフィスに出向いた。歓迎の意を伝え、食事と乗馬に招待するつもりだった。パンチョとしては、「空軍の非公式の母」としての表敬だった。

パンチョは長く待たされ、漸くにして秘書に、オフィスに案内された。ホルトナーは、パンチョの話を聞いても、長い間黙っていた。その後、パンチョが基地の残飯を回収する契約に触れ、言った。「君は生ゴミ収集者だね」


基地は、発展するにつれ、より広い空域を必要とした。政府はすでに一九四二年から、基地周辺の土地の徴用を始めていた。五〇年代に入ると、それはパンチョの土地の周辺に及んだ。

住人たちは抵抗したが、無力だった。パンチョの隣人グレアムも、全農場——家、納屋、馬小屋、アルファルファの畠一六〇エーカー、放牧場一〇〇〇エーカー——を、一〇万三〇〇〇ドルで徴収された。

パンチョは、大金を投資した土地を売りたくはなかった。しかし隣人たちと違って、空軍の力を理解していた。ワシントンの大物のコネも助けにはならず、いずれ売らなければならない、しかし、雀の涙の手当で売るわけにはいかない、と考えていた。

一九五二年の春、パンチョの土地についても、空軍の査定官による調査が始まった。一九五二年三月、パンチョは政府に対し、三六〇エーカーの土地と建物、およびそこで行われている事業に対し、一四八万三〇〇〇ドルを要求する訴訟を起こした。裁判の弁護士は、自らが務めた。

空軍は、別の方向から圧力をかけてきた。司令ホルトナーは、若い士官からの「ハッピー・ボトム・ライディング・クラブで性交渉に女性に現金を支払った」という手紙を受け取り、それをFBIに送った。

FBIは、パンチョのホステス全員に聞き込み捜査を行った。彼女たちにロサンゼルスとハリウッドのコールガールの写真を示し、該当者の有無まで調べた。捜査は三ヵ月におよんだ。しかし売春の証拠はあがらなかった。

捜査の間、ホルトナーはパンチョの店を立ち入り禁止にした。パンチョは愛する空軍に、そして彼女の厚意を最大限に利用してきた空軍に、裏切られたと感じた。

パンチョとマック（文献4）

パンチョの怒りは、激しく深かった。

一九五二年六月、パンチョとマックは盛大な結婚式を挙げた。同棲を始めて六年、パンチョ五一歳、マック三二歳だった。

二人の結婚は、至るところで話題になった。二人が結婚する理由について、決定的なことはわからなかった。しかし少なくとも彼女の魅力に疑念を抱いていた人たちは、再考を迫られた。

結婚式はハッピー・ボトム・ライディング・クラブで、土曜日の夕刻早くから行われた。モーテルの後ろに建てられた巨大なテントに、六五〇人が招待された。それはロサンゼルス・ヘラルド・エクザミナー紙によれば、「カリフォルニアの歴史の中で最も華やかな結婚式」の一つだった。パンチョはエドワーズ基地の大物たちと、パイロット全員を招待した。チャック・イエーガーが、花婿付添人を勤めた。アルバート・ボイドが、新婦パンチョを新郎マックに引き渡した。

一九五二年一二月、先の訴訟の進行中、パンチョは空軍の不当な扱いを理由に、一二五万三〇〇〇ドルを要求する訴訟を起こした。また二つの訴訟の間に、名誉毀損を理由に、ホルトナーに三〇万ドルを要求する訴訟を起こした。いずれも敗訴するが、これらの訴訟でもパンチョは、自ら弁護士を務めた。

一九五三年二月、今度は政府がパンチョを訴えた。政府は、パンチョの土地がエドワーズ空軍基地の真ん中にあり、機密保護と飛行安全の妨げになっているとした。また二つのドライ・レークを結ぶ四三キロの滑走路が計画されていて、滑走路はパンチョの土地を横切るとした。

提訴の三日後、地方裁判所はパンチョの土地の権利を、二〇万五〇〇〇ドルと裁定した。パンチョは即座に拒否した。パンチョは、自分の資産はもっと価値があり、「実質一つの村である」と主張した。

実際そこには、モーテル、七つの建家《バンガロー》、女子寮、レストラン、二つのバー、スイミング・プール、ロデオ場、飛行場、五つの井戸、二万ガロンの水タンクがあり、日陰を作るための樹が三七〇本、植えられていた。

パンチョと政府は、泥沼の法廷闘争に入った。一九五三年秋にはパンチョは、訴訟がフルタイムの職業になった。

一九五三年、ジャッキーのランチには要人が集い、イエーガーとグレニスはそこを第二の家と思うようになった

イエーガーとグレニスは、ジャッキーのコクラン・オドラム・ランチに何度も滞在した。一九五三年春ころから、二人はそこを第二の家と思うようになった。

イエーガーは、朝早く起きて厩舎に行く。あるいはスキート射撃をする。グレニスは、日が暮れるまでゴルフ・コースにいる。

ジャッキーは、昼近くまで寝室に籠もり、電話で各地の友人と話をする。

夜になると、イエーガーとグレニスは着換えて母屋に行き、ディナー・パーティーに出る。そこには、著名人が招かれている。大物の狩猟家、カジノのオーナー、科学者、映画スター、などなど。

ただし、ジャッキーが最も好きだったのは、エドワーズ基地のテスト・パイロットを招いて、飛行の話をすることだった。エドワーズのパイロットにとって、ジャッキーのランチに招かれることは、特別扱いをされることを意味した。

ジャッキーは、ボイド准将とアスカニ大佐が、大のお気に入りだった。そのアスカニ大佐がグレニスに言う。「ここは、どんな人でもチャックより偉くなれない、唯一の場所なんだよ」

フロイドは、関節炎に苦しめられていた。立っているのは、苦痛だった。握手は、さらに苦痛だった。しかしフロイドは、精力的に働いた。重役会をプールで――脚をプールに沈めた状態で――行うこともあった。そういうとき巨大プールの反対側には、次の会社の重役たちが待機していた。ジャッキーは、フロイドが室内にいるとき、動くときには必ずフロイドに触れた。軽く叩いたり、撫でたりした。二人は、互いに相手を理解する第六感を持っていた。フロイドが助けを必要としたとき、ジャッキーは常にそれを知っていた。

ジャッキーは、煙草を吸った。しかし、ほかの人が自分のまわりで煙草を吸うのを、嫌がった。ジャッキーは、たいへんな酒好きだった。飲み比べでは、たいていの男が先に酔いつぶされた。彼女はスコッチをロックで飲むのが好きだった。

料理の腕は、驚くほど良かった。それはジャッキーが、調理人の料理に満足しないためだった。ジャッキーは、グレニスや招待客の妻たちを、自分の部屋に連れて行った。そこで、衣装ダンスから好きな衣類を選ばせ、持ち帰らせた。彼女はパリのファッション・ショーで、クリスチャン・ディオールから二万ドルものドレスを纏め買いするほど、衣装持ちだった。

ドレスが大きすぎると、ジャッキーはグレニスを、パーム・スプリングスのデパートに連れて行った。そこには、ジャッキーのドレスの手直しをする専属の女性がいた。彼女がグレニスのために、ドレスを手直しした。

グレニスは、チャックがジャッキーと仲良くするのを、我慢しなければならなかった。グレニスは、パンチョ・バーンズのときと同様、ジャッキーとチャックの友情について、不平をこぼさなかった。

ジャッキーは、イエーガーを必要とした。それは、権力と野心のためだった。自らの威信を増すために、常にイエーガーを、自分の影響力のもとに置こうとした。

イエーガーは、ジャッキーの力を理解していた。イエーガーは、自分のためにそれを、巧みに利用した。

グレニスは自分を、「イエーガー込みのパッケージの一部」と考えていた。グレニスは夫の将来を考え、そこに害が及ぶことがないよう、常に冷静に対処した。

グレニスとイエーガーが、ジャッキーとフロイドに、ロサンゼルスのベバリー・ウィルシャー・ホテルで出会ったときのこと。四人は、フロイドの関節炎基金への貢献を記念する晩餐会へ出席しようとしていた。

当時「鳥の巣《バーズ・ネスト》」というヘアスタイルが流行していた。グレニスは、長いウェーブのかかった髪が自慢である。自信を持って、髪を高く、鳥の巣にセットしていた。

ジャッキーは、グレニスを一目見るなり言った。「その髪は、一体何なのよ」

グレニスは、晩餐会に出たくなかった。ジャッキーに言いくるめられ、渋々出てきたのだ。グレニスは、怒った。「オーケー、そうなの、ちくしょう、帰るわ」

しかしグレニスは、思い止まって晩餐会に出た。出なければチャックが困る。そう思って我慢した。しかし、「ジャッキーを殺したい」と思った。

一九五三年六月、ジャッキーは女性として初めて音速を超えた

一九五三年春、齢は推定四五歳、ジャッキーは参謀総長バンデンバーグ将軍に、ジェット戦闘機F－86セイバーで速度記録に挑戦したいと相談を持ちかけた。

バンデンバーグ将軍は、妻子ともども、コクラン・オドラム・ランチの常連だった。将軍は委細を、ボイドとアスカニに委ねた。

ジャッキーは、カナダの航空会社カナデア製のF－86を使うつもりだった。この機は米国製のセイバー機より推力が大きく、フロイドの会社がライセンス生産していた。

飛行は、一九五三年五月から六月にかけて行われた。ジャッキーの教官は、チャック・イェーガーだった。

飛行の間、ジャッキーはエドワーズにきて、イェーガーの家で起居した。その間イェーガーは基地の独身士官宿舎に移り、グレニスは子供たちと、コクラン・オドラム・ランチで過ごした。

ジャッキーの来訪に備え、グレニスは家中を掃除し、すべての床にワックスをかけた。ジャッキーは入ってくるなり、メイドにワックスをぬぐい取らせた。グレニスは怒り狂う。しかしそれは、

フロイドが滑って転ぶのをジャッキーが恐れたためだった。

イエーガーはジャッキーを、まず複座のジェット練習機ロッキードT－33に乗せた。それによる長時間の訓練を経て、ジャッキーをF－86セイバーに移行させた。

T－33で訓練中、イエーガーにドゥリットル将軍から連絡があり、二人はコクラン・オドラム・ランチで会った。将軍は、案じていた。「彼女はセイバーを、事故を起こさず乗りこなせるか。うまく飛んで、記録を作れると思うか」

将軍が言う。「参謀総長も心配しておられる。何としても避けたいのは、ジャッキー・コクランを巻き込んだ大事故だ」。イエーガーは答えた。「将軍、彼女は優れたパイロットで、経験豊かです。やれると思います」

セイバーで慣熟飛行を行っている間に、イエーガーはジャッキーを高度一万四〇〇〇メートルまで上昇させた。二機は機首をほぼ垂直近くまで下げ、推力全開で急降下した。二機は僅かだが、音速を超えた。ジャッキーは女性として、世界で初めて音速を超えた。

次いで速度飛行の訓練に移った。当時記録に挑むには、計測を行う関係で、低空を飛ぶことが要求された。

暑い日の午後、ジャッキーとチャックはドライ・レークの湖床上高度三〇メートルを、マッハ〇・九二で飛んでいた。チャックは、ジャッキーの機の翼と胴体の片側から、燃料が漏れているのを発見した。チャックが送信する。「おい、問題発生だ。スロットルを遮断、もう使ってはいけない。エンジン停止、機首を上げろ」

ジャッキーは即座に指示に従った。酸素マスクを外す。強い燃料の臭いがした。チャックは別の周波数で、消防車の出動を要請した。ジャッキーの無線が再び鳴る。「オーケー、それでいい。ゆっくり左旋回せよ。基地に向かう。速度が二〇〇ノット（時速三七〇キロ）を切ったら、脚を降ろせ」

ジャッキーはそうした。チャックはジャッキーの右側に、翼端をつけるように並んで飛ぶ。ジャッキーの脚が降りた。「オーケー、機首を下げて、速度は一五〇を維持、そのまま着陸する」ジャッキーは完璧に指示に従った。ジャッキーが湖床に着地、チャックも並んで着陸した。長い走行が続く。停止した。チャックの声が響く。「すべてのスイッチはオフ、機外に出ろ、早く」ジャッキーは風防を開け、立ち上がった。強い燃料臭が漂う。エンジンは熱い。一瞬で火の海となるかもしれない。しかし、湖床はコンクリートのように固い、飛べば足を骨折する……。チャックが疾走してくる。その胸に向かって、ジャッキーは飛んだ。

翌日、ジャッキーは一〇〇キロメーター周回飛行の記録を更新した。前記録保持者は、イエーガーに教官役を命じたアスカニ大佐だった。

その数日前、イエーガーはフロイドをT－33に乗せ、ジャッキーの飛ぶコースを飛んだ。フロイドは体が弱っていて、落下傘がつけられなかった。

エドワーズ空軍基地の将校クラブで、ジャッキーの飛行を称える祝賀会が開かれた。ジャッキーは、口がきけないほど興奮していた。その脇でフロイドは、誰よりも大きな笑みを浮かべ、得意満面といった様子だった。

一九五三年八月、空軍のX－2の事故で、エドワーズ基地は海軍のスカイロケットの独り舞台となり、スカイロケットはマッハ二を狙う位置についた

ジャッキーがF－86セイバーで飛んだ一九五三年の春、ベル社は空軍が発注した新しい空中発進機、ベルX－2の試験を行っていた。X－2は後退翼を導入した超音速研究機で、マッハ三を狙っていた。ベル社はX－2を二機製造した。

マッハ3を狙ったベルX－2（文献8）

一九五三年五月一二日、午後遅く、ベル社は先に滑空飛行した二号機を母機B－50に搭載し、オンタリオ湖上に飛ばせた。これはX－2を母機に繋留したままの飛行で、目的は液体酸素を満タンにする手順の試験だった。

湖上九〇〇〇メートル、X－2は突如爆発し、火の玉と化した。爆弾倉から操作していたベル社のテスト・パイロット、ジーン・〝スキップ〟・ジーグラーと、ベル社の検査員一人は死亡した。

X－2は、分解してオンタリオ湖に落下した。B－50は緊急着陸に成功したが、損傷がひどく、二度と飛行できなかった。

事故調査の結論は、電気系統の不具合がアルコールと酸素蒸気の爆発を誘発した、とするものだった。

空軍にはベル社の実験機が、まだ三機（X－1A、X－1B、X－2一号機）残っていた。しかし予防策として、三機の窒素ガス貯蔵部《チューブ・バンドル・アセンブリー》は、円筒形タンクに換えられることになった。

三機のうちX－1Aは、一九五三年年明けにベル社のテスト・チームとともに、エドワーズに到着していた。スカイロケット二号機と同じターボポンプ搭載機で、事故死したジーグラーの手で、三度の動力飛行を行っていた。

空軍はX－1Aで、マッハ二を超えようと考えていた。そのX－1Aが、改修のためエドワーズを離れる。その遅れは、空軍にとって致命的だった。

X－1Aがバッファローで改修を受けている間、エドワーズ基地はスカイロケット二号機の独り舞台となった。飛行の中心となったのは、スコット・クロスフィールドだった。

クロスフィールドは、一九五〇年にNACAに加わった。ワシントン大学航空工学の学士、修士の学位を持ち、第二次世界大戦ではグラマンF6Fヘルキャットのパイロットとして、航空母艦ラングリーに乗艦した。

一九五三年八月五日、クロスフィールドはマッハ一・八七八に到達した。これはダグラス社が到達したブリッジマンの記録、マッハ一・八八に限りなく近かった。スカイロケットは、再びマッハ二を狙う位置についた。

ここで海軍は、海兵隊大佐マリオン・カールに、スカイロケットの飛行を要請した。カールは、一九四七年八月にスカイストリークで速度の世界記録を樹立した――空軍ボイドの記録を破った――あのマリオン・カールである。

海軍の意図は、まず高度の世界記録を更新し、さらにマッハ二を超えて、空軍を打ち負かすことだった。

一九五三年八月二一日、カールは高度二万五三七〇メートルに到達した。これは未公認高度世界記録となった。海軍は続く二回の飛行で、最高マッハ数の記録更新を狙った。しかし二度とも、失敗した。


一九五三年一〇月、空軍は改修を終えたX－1Aの飛行にイエーガーを起用、一方クロスフィールドはスカイロケットでマッハ一・九六に到達した

空軍の試験計画は、三度（X－1D、X－1－3、X－2二号機）の爆発事故で、ほとんど二年間、停滞していた。

空軍は、遅れている計画の進捗を図った。ベル社の行っているX－1Aの飛行を、少佐に昇進したばかりのチャック・イエーガーに引き継がせた。

一九五三年一〇月一六日、改修を終えたX－1Aはベル社のバッファロー工場から、エドワーズ空軍基地に到着した。

同じ一〇月、クロスフィールドはスカイロケット二号機で、四度の飛行を行った。その三回目、一〇月一四日の飛行で、クロスフィールドはマッハ一・九六に達した。スカイロケットは、マッハ二に近づいた。

一九五三年一一月一四日、パンチョの店は不可解な火災で焼失した

一九五三年一一月一四日午後、ロザモンドに買い物に行った帰路、パンチョと夫のマックは、前方に煙が上がるのを見た。二人は、エドワーズで、また墜落事故が起きたと考えた。実際には、燃えたのはパンチョの家だった。

その日農場では、一握りの人たちが働いていた。彼らはあちこちに散っていて、中心部の建物から離れていた。しかし彼らは、爆発音を聞いた。

数人は、木造のダンスホールの屋根が、五〇センチほど持ち上がるのを見た。ある者は、火災はダンスホールの後ろ側で始まったと言った。ある者は、家畜小屋か母屋に続くサマー・キッチン(暑い気候のとき用いる別棟の台所)で始まったと言った。

消防士が到着したときに、ダンスホールは火炎に包まれていた。母屋の屋根とサマー・キッチンは燃えていて、家畜小屋には煙が充満していた。

消防士たちは、すぐ水を使い尽くした。プールの水を使おうとしたが、数日前の点検で排水され

ていた。クラブハウスの後ろの貯水タンクには、二万ガロンの水があった。しかし消防士の誰も、そのことを知らなかった。

炎は一〇部屋ある母屋に広がり、近くの建物にも飛び火した。パンチョが到着したとき、ダンスホールは焼け落ち、家畜小屋はくすぶり、母屋は全焼していた。パンチョは、家の中のすべて――家具、絵画、衣服、宝石類、毛皮、銃のコレクション――を失った。

消防士たちは犬小屋から、二〇匹以上のダルメシアン（クロアチア原産の犬）は助け出した。しかし消防士も農場の人間も、家畜小屋の馬を助けることはできなかった。馬房の高価な種馬は、すべて死んだ。

パンチョの店の火災（文献4）

ある者は馬具室のストーブの火が原因と言った。精神異常者の放火説、空軍の陰謀説もあり、パンチョ自らが放火したという噂もあった。多くの人が、原因は放火と考えた。

消防署長は、燃焼促進剤を使った複数箇所の同時放火と結論した。しかし、誰がなぜ放火したか、明らかにはならなかった。

一九五三年一一月二〇日、NACAは不相応な野望に挑み、クロスフィールド操縦のスカイロケットはマッハ二に到達した

マリオン・カールによる海軍の飛行の終了後——マッハ数記録更新の失敗の後——NACAはエンジン噴射口《ノズル》を伸長し、スカイロケット二号機の推力増大を図った。いまやNACAに、海軍と空軍が逃した大記録を達成する機会が回ってきた。エドワーズに冬が近づくころ、NACAの一群の人たちは、スカイロケットのマッハ二突破に思いを懸けた。

それは国立研究機関NACA本来の使命としては、いささか不相応だった。しかし一一月上旬、彼らはNACA長官ヒュー・ドライデン博士に「世界初のマッハ二飛行に挑む」ことを申請し、承認を得た。

エドワーズ界隈の人たちにとって、興味は倍加した。もしスカイロケットが記録達成に失敗すれば、空軍のX－1Aにチャンスが回ってくる。X－1Aも、予想では、最大マッハ数二・四七の性能を有していた。

NACAはスカイロケットの飛行に、過去のすべての経験を注ぎ込んだ。スカイロケットから最大能力を引き出すために、機体を「低温浸し《コールド・ソーク》」にした。すなわち、発進五時間前に母機内で液体酸素を搭載し、発進直前にさらに液体酸素を追加注入する。こうしてエンジンの燃焼時間を少しでも増大させる。アルコールも、同じ目的で冷却する。

機体外板の隙間はマスキング・テープで埋められ、機体全表面はワックスで覆われた。燃料投棄

用パイプは、ステンレス製から軽いアルミ製に換えられた。

一九五三年一一月二〇日、午前の半ば、クロスフィールドは、高度一万メートルから発進した。予定の飛行計画を外れないよう、細心の注意で上昇する。白い飛行雲を曳くスカイロケットは、加速・上昇しつつ成層圏に達した。

高度二万二〇〇〇メートル、クロスフィールドはそこから徐々に操縦桿を押した。スカイロケットは弧を描いて飛び、浅い降下に入って加速する。低温浸しの効果もあって、燃焼時間は二〇七秒に伸びた。

スカイロケットは、高度一万九〇〇〇メートルでマッハ二・〇〇五、時速二〇七七キロに達した。クロスフィールドは、音速の二倍を超えた世界初の人間になった。

以後スカイロケット二号機は、マッハ二近くを飛ぶことはなかった。マッハ二の飛行は、広範かつ大掛かりな準備を必要とした。研究機関として、これを繰り返すことは困難だった。

一九五三年一二月一二日、イエーガーはX－1Aでマッハ二・四四に到達、操縦不能に陥るも九死の生還を果たした

イエーガーによるX－1Aの最初の動力飛行は、一一月二一日に行われた。それはパンチョの店の火災から一週間、クロスフィールドがマッハ二・〇〇五を記録した翌日だった。X－1Aに乗り

B－29を発進するX－1A（文献8）

込むイエーガーの脇には、再びジャック・リドリーがいた。

最初の動力飛行で、イエーガーはマッハ一・一五に達した。一二月二日には、マッハ一・五に達する。一二月八日には、マッハ一・九に達した。

イエーガーとリドリーは、NACAを出し抜くことにした。二人は、クロスフィールドの記録は超えられる、と考えていた。

四日後、一九五三年一二月一二日、ハロルド・ラッセル少佐操縦のB－29は、X－1Aを抱いて飛び立った。イエーガーとしては、X－1Aの四回目の動力飛行だった。

上昇途中のB－29に、ジャック・リドリー大佐とアーサー・〝キット〟・マレー少佐の操縦するF－86セイバー二機が、追跡のために加わった。

高度九三〇〇メートルで、イエーガーはB－29から投下された。エンジン・チェンバー三つを、同時点火する。X－1Aは、加速、急上昇する。NACAはそれを、地上レーダーで追う。ベル社の技師たちは、移動無線車《モービル・レディオ・バン》で聞き耳を立てる。

高度一万四〇〇〇メートル、イエーガーは残るチェンバーを点火した。翼面上を衝撃波のさざ波が、蜘蛛の巣状に過ぎる。マッハ〇・九五、X－1Aは乱気流中を飛ぶ軽飛行機のように、がたがたし始めた。亜音速から超音速へ。

太陽光がイェーガーの目を眩ませていた。ヘルメット・バイザーがぎらぎら光り、高度計が読めなかった。イェーガーは予定の上昇角度四五度を超え、五五度で上昇していた。

気づいたイェーガーは、高度一万九〇〇〇メートルから機首を抑える。しかしX－1Aは予定高度二万一〇〇〇メートルを超え、二万三〇〇〇メートルに達した。

ここには、わずかな大気しかない。時刻は午前一〇時、しかし空は暗く、星が明滅する。機首が振れる。修正する。それは、氷上で車を運転するのに似ていた。

X－1Aのマッハ計は、マッハ三まで目盛があった。エンジンの燃焼停止が近づいたころ、イェーガーはクロスフィールドが記録したマッハ二に達した。機首をわずかに抑える。さらに増速した。イェーガーは、マッハ計が二・二を、次いで二・三を指すのを見守った。

イェーガーのヘッドセットに、リドリーの声が流れた。リドリーはキット・マレーに、「まだ見えるか」と尋ねた。キットは、「ノー、小さすぎる」と答えた。


飛行前ブリーフィングでベル社の技師たちは、「X－1Aはマッハ二・三を超えると、安定性を失って操縦不能に陥るかもしれない」と警告していた。水平飛行に移行してほぼ一〇秒後、ベル社の警告は的中した。

機首が左へ振れ始めた。右方向舵を踏んだが、効果はなかった。外側の翼（右翼）が持ち上がり始めた。補助翼をいっぱいまで操作したが、何も起きない。方向舵を使うと、激しい横転《ロール》が始まった。翼が絶えず持ち上がる。横転を止められなかった。

イエーガーはエンジンを停止する。X－1Aはマッハ二・四付近を飛行していたが、完全に操縦不能に陥った。その状態はオッシラトリー・スピン（錐揉み降下に機首の上下や左右の揺れが加わったもの）に似ていた。しかもロール回転の方向が、頻々と変わった。

やがて、四方八方への回転が始まった。イエーガーは空の至るところを、直立し、横転し、転げ回った。

リドリーとマレーは、必死にイエーガーによびかける。ベルの無線車は、息を詰めてそれを聞く。この間、X－1Aは降下しながら減速し、亜音速領域に入った。そして高度一万メートルで、背面錐揉み《インバーテッド・スピン》に入った。

イエーガーの体は、操縦席まわりの四方八方に叩き付けられる。霞む意識の中で、イエーガーは生き延びる道を探る。後にわかることだが、ヘルメットが当たってキャノピーがひび割れた。それが原因で、与圧が破れた。その結果、視界が曇った。

突然、シューという音がして、与圧服が膨らんだ。イエーガーは喘いでいた。フェイス・プレートが曇った。見えない。強打を受ける。死へ向かっている。ふと思う。俺は、地上のどこへ、穴を開けるのだろうか。

イエーガーは、計器盤の右側を手探りする。フェイス・プレートの温度を上げる加減抵抗器《レオスタット》スイッチがあるはずだ。バイザーを通して光と闇が回転する。太陽と地面。太陽と地面。

イエーガーは、水平安定板が「前縁フル・ダウン」（機首上げ最大位置）に設定されているのを思い出した。そのスイッチを捜し出し、安定板《トリム》を再設定《リトリム》する。レオスタット・スイッチを捜し出した。ひと捻りする。フェイス・プレートの曇りがとれ始めた。

イエーガーは、シェラネバダ山脈へ回転《スピン》しながら落下していた。イエーガーは、スピンからの脱出操作をした。機は高度九〇〇〇メートルで、背面錐揉みから正常スピンに戻った。その脱出法なら、俺は知っている。

イエーガーは、水平飛行に回復した。リドリーに無線連絡する。「テハチャピ上空、七六〇〇メートル（約二万五〇〇〇フィート）まで降下、戻れるかどうか、わからない」。テハチャピ山脈はロサンゼルスの北東約一〇〇キロ、ドライ・レークからは東へ約六五キロに位置する。

「二五（二万五〇〇〇フィート）だな、チャック」とリドリー、「あまりしゃべれない。なんとか助からないと」とイエーガー。

イエーガーは、まだ飛べるか、訝った。この機が自分を連れ戻してくれるのか、不安だった。「こいつをばらばらにしてしまうかもしれない。ああ神様《バット・クライスト》……」。リドリーが「聞き取れない」と言う。イエーガーは、送信を繰り返す。このときイエーガーは、すすり泣いていた。

マレーとリドリーは、位置と高度を確認した。信じがたい思いだった。セイバー二機は、翼を翻してテハチャピに向かう。残存燃料を投棄したイエーガは帰路につく。着地時はマレーが翼端につき、高度を読み上げた《コール・アウト》。

NACAのレーダーは、X－1Aが高度二万二六〇〇メートルでマッハ二・四四、時速二五九四キロで飛行していたことを記録していた。

後にボイドは、この飛行を次のように回想している。

「イエーガーのX－1Aの最後の飛行の交信テープを聞いて、鳥肌を立たせないパイロットはいない。私は機会あるごとに、このテープを再生して聞かせている。これが聞く者に与える影響力《インパクト》は、すさまじい」

「ある一瞬、我々が聞いているのは、一人のパイロットが絶望的な状況に追い込まれ、生き延びようと必死に闘う姿である。そして彼は、遂に機の制御を回復する。すると一分もしないうちに、彼は、『こいつの構造強度試験《ストラクチュアル・デモンストレーション》はもういらないぞ』、などとジョークを飛ばしている」

「チャックは、もう助からないと考えていた。それは、彼のテープの声からはっきりわかる。彼は二万四〇〇〇メートルから七六〇〇メートルへ、落下した。その間に、自らを助ける道を見つけ出した。これほど劇的で感銘を受けるテープを、私は聞いたことがない」

イエーガーにとって、これがX－1系列機の最後の飛行となった。この後、空軍はX－1Aで、これ以上速度試験を行わないことにした。


午後四時、帰宅したイエーガーは顔面蒼白で、よろよろしていた。グレニスは、イエーガーが速度記録を更新したことを知らない。イエーガーが交通事故にあったと思った。

案ずるグレニスに、イエーガーが言う。「病院に連れて行かれたが、どこも折れていない。ちょっと打っただけだ。首筋がこって痛む」。そして付け加えた。「もう少しで殺されるところだった」

グレニスは、これほどショックを受けたイエーガーを見たことがなかった。その夜二人は、ロサンゼルスの陸・海軍クラブで行われる公式パーティーに出席することになっていた。イエーガーは、そこでスピーチをする。グレニスは、すでにイブニング・ドレスに着替えていた。

グレニスは迷う。そして欠席を言い出すグレニスを、イエーガーは断固として制止した。イエーガーは、五時には着替えをすませた。二人は車で出発した。ロサンゼルスへは一時間半のドライブである。イエーガーが運転し、スピーチも立派にこなした。

この日イエーガーは、鴨猟で、朝は四時から起きていた。二人が家に帰り着いたのは午前二時。イエーガーは、枕もせずに眠り込んだ。

一九五三年一二月一六日、ベル社の社長はグレニスに高価な毛皮のジャケットを贈った

四日後、一二月一六日の真夜中、イエーガーはシューティング・スターで、ワシントンに向かった。夜を徹して飛ぶ。夜明けごろ、アンドリュース空軍基地に着陸した。そこには報道関係者が待ち受けていた。

この日の午前、空軍省長官が国防総省《ペンタゴン》で会見し、イエーガーの速度記録を発表する手筈になっていた。箝口令が敷かれていたのだが、ニュースはすでに漏れていた。記者たちは、飛行の詳細を知りたがった。イエーガーは、質問をはぐらかす。

長官の会見後、ベル社の宣伝マンたちが、イエーガーを、町中連れ回した。彼らはイエーガーを、半ダースほどのテレビ局で出演させた。ベル社はイエーガーの飛行を、徹底的に宣伝に利用するつ

もりだった。

ＮＡＣＡの人間には、イエーガーの記録が信じられなかった。実はこの翌日、クロスフィールド出演のテレビ番組が放映されることになっていた。クロスフィールドは世界最速の男として、この番組で紹介されることになっていた。

空軍は面目を施した。上層部の喜びようは、尋常でなかった。「お偉方は、撫でられた猫のように、喉をゴロゴロ鳴らして喜んだ」

アンドリュースへ戻る車中、ベル社の重役の一人が、イエーガーに大きな箱を手渡した。「チャック」と彼は言った。「君に感謝の贈り物をすることは、規則違反である。そのことは、知っている。しかし、君の奥さんに贈り物をすることまで、規則は禁じていないと思うよ」

箱の中には、見事なカラクール（ペルシャ子羊の毛皮）のジャケットが入っていた。「ミスター・ベルは、これをグレニスに着てもらいたいそうだ」

イエーガーは、ジャケットをぐるぐる巻きにし、シューティング・スターの機首に隠した。そこは、高価な毛皮のジャケットを入れるには、ひどい場所だった。しかし、ジャケットは傷まなかった。

グレニスは、心から喜んだ。それは黒とグレイの美しいジャケットだった。グレニスは、長く愛用した。

一九五四年、イエーガーはテスト・パイロット生活に別れを告げ、西ドイツへ転出した

一九五四年、イエーガーはテスト・パイロット生活に別れを告げた。イエーガーはドイツで、セイバー・ジェットの戦術戦闘機飛行大隊《タクティカル・ファイター・スコードロン》を指揮することになった。

イエーガーがドイツ行きを話したとき、グレニスは全身で喜びを爆発させた。

イエーガーは、九死のテスト・パイロット生活を生き延びた。

イエーガーの速度記録は、後にフランク・〝ピート〟・エベレストによって破られる。かつてX－1のパイロットに選ばれなかったことを憤慨した男は、一九五六年X－2一号機で、マッハ二・八七、時速三〇六〇キロに到達した。

エベレストはテスト・パイロット生活を離れ、後に『生きている最速の男《ザ・ファステスト・マン・アライブ》』（日本語版は『世界最速の男』）を出版した。その中でテスト・パイロットの条件を、次のように述べている。

「もし理想的なテストパイロットの姿を描けば、年令は二十一歳で、百種類もの機種で五千時間以上のジェット機による飛行時間を持ち、しかも航空工学に関して、ドクター程度の学力を持っている男ということになる。しかしこれは実際問題として不可能なことであるから、私たちはこれに準じるくらいの理想的な人間を選ばなければならない」

「私がエドワーズ基地にいるとき、私の指揮下に来る人には三十歳以下の若い人を望んだものだ。テストパイロットとしては、技術関係の学位を持ち、倍もの経験を持つ年長者よりは、大学でわず

か二年かそこら学び、千五百時間くらいの飛行経験を持ったパイロットの方を採用するだろう」

エベレストは、年齢の影響についても述べている。

「三十歳もの年になると、私の場合もそうであったが、大多数のパイロットは、その反応時間、警戒心、頭脳活動の面で衰えが見え始める。彼らは飛行試験に対する熱意と能力の点では必ずしも欠けることはないが、ほとんどと言ってよい程、この世に生き長らえることを望むようになる」

イエーガーがX－1Aで九死の飛行を生き延びたとき、イエーガーは三〇歳であった。イエーガーは、ジャック・リドリーに尋ねた。「私が生きて飛べるのは、確率からいって、あと何回ぐらいかね」

リドリーは、メモ用紙で計算する振りをした。「私の計算によると」、リドリーは笑って答えた。「チャールズ・イエーガーは三年前に死んだよ」

エピローグ――一九八六年、一九九一年、二つの自伝

農場に住めなくなったパンチョは、一九五四年、農場の北五〇キロの、ジプシー・スプリングスとよばれる牧場を買った。そしてそこに六〇〇頭の豚、一〇〇頭の牛、四〇頭の馬、三〇匹の犬、飛行機を何機か、移動させた。そこは電気も水道もなく、二〇年前のミューロックより人口疎《まば》らな砂漠だった。

牧場は四八五エーカーの広さで、深掘井戸と石造りの家が付いていた。家はかつての駅馬車の駅で、近くに植物はほとんどなかった。パンチョは家を、二五〇〇メートル滑走路付きと考えた。家は崩れ落ちる寸前で、大修理を要した。井戸からの配管はなく、屋内に水道や洗面装置はなかった。使用人たちは、トレーラー・ハウスに住んだ。家畜には、囲いがあるだけだった。

イエーガーの西独赴任中、ベル社実験機の一連の爆発事故の真因が解明された。

一九五五年八月八日、X－1Aが母機B－29に抱かれて離陸した。当時X－1Aは射出座席が装

備され、高度記録更新に使用されていた。高度九五〇〇メートル、発進一分前、X－1Aの液体酸素タンクが爆発した。液体酸素の白い蒸気が、X－1Aの胴体下部から噴出した。

爆発は、ジーグラーのX－2のときほど壊滅的でなかった。X－1Aのパイロット、NACAのジョーゼフ・ウォーカーは、X－1AのコックピットからB－29の爆弾倉に逃れた。爆発の衝撃でX－1Aの脚が降り、燃料と過酸化水素の投棄もできなかった。X－1Aは、爆弾試射場へ投棄された。

原因は、液体酸素タンクの皮製ガスケット（薄板状のパッキング）であることが解明された。液体酸素タンクは、リン酸トリクレジルで処理した皮製ガスケットを使用していた。リン酸トリクレジルは低温では、弱い衝撃で爆発する性質があった。すでに起きた三件の爆発事故も、液体酸素タンク近くで加圧中に発生していて、そのすべてで皮製ガスケットが使用されていた。

四年間にわたり、二人の生命と四機を犠牲にした爆発事故の原因は、ようやく解明された。イェーガーは、何度も事故死する可能性があったことを知り、身の幸運を噛み締めた。

一九五六年、パンチョと政府の間の戦いが決着した。地方裁判所は、パンチョの資産を三七万七五〇〇ドルと裁定した。さらに決着までの利子が加えられ、パンチョに四一万四五〇〇ドルが支払われた。

これは、政府が最初に示した額の二倍以上で、パンチョは実質勝利した。再び裕福になったパンチョは、周辺の土地一〇〇〇エーカーを買い足した。さらにスティンソン製の航空機一機と、小型遊覧船と高速双胴船を買った。二隻の船は、近くの湖で使うためのものだった。

飛行機のうちセスナ一機は、家の前の空き地に置かれた。小型遊覧船も、トレーラーに乗ったまま、家の近くに置かれた。いずれも砂嵐に晒され、日に焼かれるままになった。

パンチョは、まだ壮大な夢を持っていた。夢の一つは、深掘井戸を使って巨大な湖を作り、砂漠に水の楽園を作ることだった。また馬にも多額の費用をつぎ込んでいて、馬の一大飼育事業を展開しようと考えていた。

一九五六年、ジャッキーは政界進出を図った。一年近い準備を経て、インディオの現職民主党議員の対立候補として立候補した。しかし大敗を喫した。

一九六一年、ジャッキーは超音速練習機ノースロップT－38で、八つの速度記録を樹立した。さらに一九六三年から六四年にかけて、超音速戦闘機ロッキードF－104で、五つの速度記録を樹立ないし更新した。

アイゼンハワーは、大統領を二期（一九五三〜一九六一年）務めた。その後、コクラン・オドラム・ランチの来客用ゲストハウス一号館（六部屋の建物）を、回想録を書くため、自宅代わりに使用した。それに要したフロイドの費用は、三〇万ドルに達した。

一九六七年、現職大統領ジョンソンと前大統領アイゼンハワーが、連れ立ってコクラン・オドラム・ランチを訪れた。このころジャッキーもフロイドも、絶頂期にいた。フロイドは一九五〇年代初頭に行った石油への投資で、大幅に資産を伸ばしていた。

ジャッキー，ドゥリットル，アイゼンハワー（文献5）

パンチョは、ジプシー・スプリングスに移って三年後くらいから、財政的に行き詰まった。一九五八年、パンチョは右胸の乳癌を摘出した。一九六〇年、癌は左胸に転移し、これも摘出した。

マックは浮気を始め、ジプシー・スプリングにいないことが多くなった。

一九六二年、パンチョはマックに対し、離婚訴訟を起こした。離婚訴訟は一九六六年に、パンチョ有利に決着した。マックが得たのは砂漠に放置されて傷んだセスナと、彼が一一年乗っていたキャディラック・クーペだけだった。一方パンチョの資産も、ほとんど抵当に入っていて、売ることはできない状態だった。

一九六九年、イエーガーは准将に昇進した。天にも昇る心地だった。五〇〇〇名の大佐の中から、三〇名ほどの将軍が誕生する。高校卒業の学歴しかないイエーガーにとって、それは奇跡だった。

一方で、イエーガーが将軍になれたのは、ジャッキーのお陰だと噂された。イエーガーはそう思わなかったが、彼女の尽力があったことも間違いない、と思った。

そのころパンチョは、エドワーズ基地から北に一五キロほどの、ボロンという町の外れで、木造の納屋に移り住んでいた。かつてパンチョが助けた女性の知人が、無料で貸したものだった。

一九七五年四月、パンチョはその家で死亡しているのが発見された。検死官は、パンチョの死因を心臓病と断じた。家の中には、五〇匹以上の犬がいた。十五匹は餓死していて、パンチョの遺体は損傷していた。

イエーガーとグレニスは、一九七三年に砂漠に戻った。イエーガーはエドワーズから少し南のノートン基地で、空軍安全部長の地位についた。イエーガーは、飛行機の操縦が許される唯一人の将官だった。

イエーガーは、一九七五年に退役した。退役の式典はノートンで行われた。すでに退役していたボイド少将は、自家用のボナンザ機でフロリダからやって来て、式の司会をした。

ジャッキーとフロイドも、式典に出席した。ドゥリットルは、一九六七年にシェルを引退していたが、夫人のジョーとともに、引退先のサン・フランシスコから駆けつけた。

さしものフロイドの権勢も、七〇年前後から傾き始めた。フロイドの息子の一人（もう一人は死亡していた）の事業失敗がきっかけだった。フロイドは息子の事業に融資し、大打撃を受けた。

フロイドは、破産したわけではなかった。フロイドとジャッキーに、ある程度の資産は残っていた。しかし、資金を生む井戸は涸れ、コクラン・オドラム・ランチも人手に渡った。

一九七六年六月一七日、フロイド・オドラムは関節炎で死亡した。八四歳だった。

一九八〇年八月一二日、ジャッキー・コクランは全身衰弱で病死した。推定七四歳だった。

一九八六年、イェーガーは自伝を出版した。冒頭に短いエピソード、音速突破直後に起きた電源ダウンの話を配した。

あの飛行。イェーガーは、燃料は排出できると確信した。それは乗機を隅々まで――機付き整備士長《クルー・チーフ》のレベルで――把握していたためだ。操縦桿の手触り、機体の手応え、風防枠と水平線のなす角、風切り音。計器がなくても、重量、重心、速度、姿勢は完全にわかった。

しかし私、この本の著者加藤は、この書き出しに奇異なものを感じた。そして、ある考えに憑かれるようになった。

あれはイェーガーにとって、生涯誇れる最高の飛行だった。そのことは間違いない。しかし部外者に、あの飛行の凄みは理解できない。それがわかるのは、飛行に精通した、限られた一部の人たちだけである。

自伝の冒頭には、通常はよく知られた、華々しいエピソードが配される。その代わりにイェーガーは、地味で短く、しかも一般には理解されがたい話を置いた。それには何か理由があったのではないか。

私の推測はこうである。

音速突破直後のあの事故は、NACAが海軍の意を汲んで、仕組んだものではなかったのか。その疑念を最も穏やかな形で表明するために、イエーガーはあのエピソードを、自伝の冒頭に配したのではないか。

NACAは、イエーガーを落下傘脱出させたかったのではないか。

NACAは当初、海軍寄りの組織だった。イエーガーがXS-1で音速を突破する直前、海軍のスカイストリークはマッハ〇・八六に到達していた。スカイストリークはXS-1に比べ、NACAの考えに沿った機体だった。もし空軍のXS-1が消えれば、その後の主導権は、スカイストリークを飛ばすNACAと海軍が握る。

XS-1の計測を担当していたのは、NACAである。その気になれば、NACAには、事故を仕組むチャンスはあった。そしてNACAの権力へのこだわりは、スカイロケット二号機の飛行を見れば明らかである。実際NACAは五年後には、大統領に直接指導を受ける政府機関、NASA（米航空宇宙局）に昇格する。

一九九〇年、グレニスは癌で死亡した。イエーガーは、故郷バージニアの山奥に移り住んだ。

一九九一年、ドゥリットルが自伝を出版した。それには、パンチョについてもジャッキーについても、一行も触れられていなかった。

このため私は、再び、ある考えに憑かれた。パンチョの店の火災について。

ジャッキーは、F-86で音速を超え、速度記録を更新した。フロイドは、誰よりも大きな笑みを浮かべて喜んだ。そして五ヵ月後、パンチョの店が焼けた。その間、パンチョと政府は泥沼の法廷闘争に入っていた。

私の推測はこうである。

火災の黒幕は、ドゥリットルではなかったのか。彼がほのめかし、ジャッキーが動いたのではないか、以心伝心、互いの意を汲んで。フロイドの力を持ってすれば、農場に細工をするなど容易なはずである。

それは、ドゥリットルがこよなく愛した、アメリカ空軍のためではなかったのか。アメリカ最大の空の英雄は、そのためここでも一肌脱いだのではないか。あるいはその空軍に、自らの影響力を誇示したかったのか。この引け目がドゥリットルに、自伝で二人の女性に触れるのを躊躇させたのではないか。

以上は、パンチョの店の火災とイエーガーの電源ダウン事故の原因に関する、直観のみに基づく、極めて個人的な推測である。

読者は、どう考えられるか。

読者におかれても、ぜひ想像を逞しゅうしていただきたい。

実は右の二点を除いても、わからないことは、まだ沢山ある。ごく素朴な疑問だけ拾っても、例えば次のようなものがある。

パンチョの魅力の根元は何だったのか。

ドゥリットルは、パンチョのサン・マリノ邸にどの程度顔を出していたのか。開戦時の八月、ドゥリットルは北アフリカ上陸作戦のためロンドンに飛び、ジャッキーはサボイ・ホテルに滞在していた。このとき二人は出会ったのか。

パンチョとジャッキーは、どこかで出会っているのか。あるいは、どこかで対決しているのか。

イエーガーの西ドイツ転出時、送別パーティーがあったはずである。はたしてパンチョとジャッキーは招かれたのか。

イエーガーとパンチョ、イエーガーとジャッキーの仲は、どんなものだったのか。本当にグレニスが考えたようなものだったのか。

パンチョの店のＦＢＩの捜査で、売春の証拠は本当に挙がらなかったのか。

……

読者におかれては、先入観なしに各種の謎解きを楽しんでいただきたい。

主要参考文献

1 Lauren Kessler, The Happy Bottom Riding Club, Random House, 2000.
2 Jacqueline Cochran & Maryann Bucknum Brinley, Jackie Cochran, Bantam Books, 1987.
3 Doris L. Rich, Amelia Earhar, A Biography, Smithsonian Institution Press, 1989.
4 Chuck Yeager, Bob Cardenas, Bob Hoover, Jack Pussell, James Young, The Quest for Mach One, Penguin Studio,1997.
5 General Chuck Yeager and Leo Janos,Yeager, Arrow Books, 1986.
6 James H. Doolittle with Carrol V. Glines, I Could Never Be So Lucky Again, Schiffer, 1995.
7 Quentin Reynolds, The Amazing Mr.Doolittle, Appleton-Century-Crofts, 1953.
8 Richard P Hallion, Supersonic Flight, Brassey's 1997.
9 Louis Rotundo, Into the Unknown, The X-1 Story, Smithsonian Institution Press, 1994.
10 Jay Miller, The X-Planes X-1 to X-45, Midland Publishing, 2001.
11 加藤寛一郎著『超音速飛行』（大和書房）二〇〇五年
12 加藤寛一郎著『大空の覇者ドゥリットル　上、下』（講談社）二〇〇四年
13 航空情報編『航空史をつくった名機１００』（酣燈社）一九七一年
14 望月隆一編『航空機名鑑１９３９～４５』（光栄）一九九六年
15 望月隆一編『航空機名鑑１９４５～７０　ジェット時代編　上』（光栄）一九九八年
16 加藤寛一郎著『神業の生還飛行』（大和書房）二〇〇六年
17 加藤寛一郎著『零戦の秘術』講談社＋α文庫（講談社）一九九五年
18 マーチン・ケイデン、エド・ハイモフ著　斎藤博之訳「零戦に狙われたジョンソン大統領奇跡の生還記」「丸」一九六四年五月特大号

19 Robert Morgan with Ron Powers, The Man Who Flew the Memphis Belle, Dutton, 2001.
20 Derek Wood, Project Cancelled, Jane's Publishing Co. Ltd., 1986.
21 Henry Mathews, Geoffrey de Havilland, X-Pilot Profile-1, HPM Publications, 1996.
22 David Foster, The De Havilland DH-106 Comet 1, X-Planes Monograph-2, HPM Publications, 2002.
23 フランク・K・エベレスト著、稲山英明訳『世界最速の男』（出版協同社）一九五九年
24 John Stack, W. F. Lindsey, and Robert E. Littel, The Compressibility Bubble and the Effect of Compressility on Pressures and Forces Acting on an Airfoil, NACA Report No.646, 1939.
25 Hans Wolfgang Liepmann and Allen E. Puckett, Introduction to Aerodynamics of a Com-pressible Fluid, John Wiley & Sons, Inc., 1947.
26 De E. Beeler and George Gerard, Wake Measurements behind a Wing Section of a Flighter Airplane in Fast Dives, NACA Technical Note, No. 1190, March 1947.
27 W. F. Hilton, High-Speed Aerodynamics, Longmans Green and Co., 1951.
28 佐野彰一著「クルマの進化と人と社会」（「交通安全教育」No.４１７、日本交通安全教育普及協会）二〇〇〇年一二月
29 リンドバーグ著、佐藤亮一訳『翼よ、あれがパリの灯だ』（出版協同社）一九五七年

事項索引

人名索引

飛行機名索引

加藤寛一郎
1935年，東京都に生まれる．1960年，東京大学工学部航空学科卒業，川崎重工業入社．アメリカ・ボーイング社を経て，1971年，東京大学工学部航空学科助教授，1979年，同学科教授，1996年，同大学名誉教授．1996-2001年，日本学術振興会理事．2004-2010年，防衛省技術研究本部技術顧問．工学博士．
著書には『飛ぶ力学』（東京大学出版会），『航空機力学入門』『ヘリコプター入門』（いずれも共著，以上，東京大学出版会），『超音速飛行』『まさかの墜落』（以上，大和書房），『墜落』（全10巻）『飛ぶ！』『大空の覇者ドゥリットル』上・下（以上，講談社），『一日一食 断食減量道』（講談社＋α新書），『墜落』『エアバスの真実』『壊れた尾翼』『航空機事故 次は何が起こる』（以上，講談社＋α文庫）などがある．

空の黄金時代　音の壁への挑戦

2013年11月18日　初　版

［検印廃止］

著　者　加藤寛一郎《かとうかんいちろう》

発行所　一般財団法人　東京大学出版会
代表者　渡辺　浩
153-0041 東京都目黒区駒場 4-5-29
電話 03-6407-1069　Fax 03-6407-1991
振替 00160-6-59964

印刷所　株式会社理想社
製本所　誠製本株式会社

ISBN 978-4-13-063813-5　Printed in Japan